面向移动设备的机器学习

[印] 雷瓦西·戈帕拉克里希南　著

武海军　译

清华大学出版社

北　京

内 容 简 介

本书详细阐述了与移动设备机器学习相关的基本解决方案，主要包括面向移动设备的机器学习应用程序、监督学习和无监督学习算法、iOS 上的随机森林、在 Android 中使用 TensorFlow、在 iOS 中使用 Core ML 进行回归、ML Kit SDK、垃圾邮件检测、Fritz、移动设备上的神经网络、使用 Google Cloud Vision 的移动应用程序、移动应用程序上机器学习的未来等内容。此外，本书还提供了相应的示例、代码，以帮助读者进一步理解相关方案的实现过程。

本书适合作为高等院校计算机及相关专业的教材和教学参考书，也可作为相关开发人员的自学教材和参考手册。

北京市版权局著作权合同登记号 图字：01-2019-1826

本书封面贴有清华大学出版社防伪标签，无标签者不得销售。

版权所有，侵权必究。侵权举报电话：010-62782989 13701121933

图书在版编目（CIP）数据

面向移动设备的机器学习 /（印）雷瓦西·戈帕拉克里希南著；武海军译. —北京：清华大学出版社，2020.5

书名原文：Machine Learning for Mobile

ISBN 978-7-302-55350-2

Ⅰ. ①面…　Ⅱ. ①雷…　②武…　Ⅲ. ①移动通信-通信设备-机器学习-研究　Ⅳ. ①TN929.5　②TP181

中国版本图书馆 CIP 数据核字（2020）第 062587 号

责任编辑：贾小红
封面设计：刘　超
版式设计：文森时代
责任校对：马军令
责任印制：沈　露

出版发行：清华大学出版社
　　　网　　址：http://www.tup.com.cn，http://www.wqbook.com
　　　地　　址：北京清华大学学研大厦 A 座　　　邮　　编：100084
　　　社 总 机：010-62770175　　　　　　　　　邮　　购：010-62786544
　　　投稿与读者服务：010-62776969，c-service@tup.tsinghua.edu.cn
　　　质量反馈：010-62772015，zhiliang@tup.tsinghua.edu.cn
印 装 者：三河市国英印务有限公司
经　　销：全国新华书店
开　　本：185mm×230mm　　　印　　张：14　　　字　　数：280 千字
版　　次：2020 年 6 月第 1 版　　　　　　　　印　　次：2020 年 6 月第 1 次印刷
定　　价：99.00 元

产品编号：080462-01

译 者 序

2019 年的夏天，一款名为 ZAO 的 App 刷爆了网络，这是一款视频 AI 换脸软件，用户可以通过非常简单的方式，自由设置脸型以及相关的细节参数，将视频中的人脸换成自己，从而实现自己扮演各种电影或电视剧角色的"梦想"。这确实非常有趣，因为它可以让完全不知移动 AI 应用程序为何物的用户，轻松实现年龄、性别、外观和表情等一系列元素的变换，并且看起来还很自然。

虽然 ZAO 软件因为肖像权和隐私数据采集等问题引起了很大的争议，但是它却让面向移动设备的机器学习进入了人们的视野，成为让开发人员眼前一亮的新热点。绝大多数机器学习实现方法需要经过采集数据、利用采集的数据来训练模型、使用该模型进行预测这 3 个步骤，一般认为，在计算和存储资源相对受限的移动设备上，较难执行这些步骤，特别是训练过程，需要耗费非常多的计算资源。但是，目前这种局面已经有所改变，因为现在有很多机器学习云服务提供商，可以提供经过训练的模型，这意味着用户完全可以在对机器学习知之甚少的情况下去构建出一个支持机器学习的应用程序。本书第 1 章即详细介绍了在移动设备上进行机器学习的各种方法和工具。

随着移动设备硬件制造商不断进行的突破性创新（例如，华为 Mate 系列手机内置了神经网络处理单元），移动操作系统供应商对于机器学习算法的优化，以及第三方移动机器学习 SDK 的不断涌现，面向移动设备的机器学习应用程序将日益成为创新的热点。例如，本书第 9 章创建的图像识别 App 就是一个很有趣的程序，它可以提供手机拍摄的食物的热量值，这对于酷爱健身人士和减肥者应该是一个很有吸引力的卖点。

总之，这种可以离线工作的移动机器学习程序，将会涌现巨大的市场机会和全新的业务类别，并由此催生出众多创新实用的移动应用程序。这种创新的可能性是无限的，而对于有兴趣从事该领域 App 开发的开发人员来说，则意味着无限的机会。

本书对面向移动设备的机器学习目前阶段的发展进行了非常清晰的介绍，并提供了大量算法和实际应用程序的示例。本书深入研究了各种监督学习和无监督学习算法，例如朴素贝叶斯、决策树、随机森林、支持向量机（SVM）、聚类、关联规则等，并详细阐述了 TensorFlow Lite、Core ML、ML Kit、Fritz 等工具和平台，通过实例介绍了自然语言处理（NLP）和神经网络、Keras 及 Google Cloud Vision 标签检测技术等内容，是对面向移动设备的机器学习应用程序的开发感兴趣的读者理想的读物。

在翻译本书的过程中，为了更好地帮助读者理解和学习，本书以中英文对照的形式保留了大量的术语，这样的安排不仅方便读者理解书中的代码，而且也有助于读者查找和利用本书配套网站上的资源。

本书由武海军翻译，马宏华、唐盛、郝艳杰、黄永强、陈凯、黄刚、黄进青、熊爱华等参与了程序测试和资料整理等工作。由于译者水平有限，错漏之处在所难免，在此诚挚欢迎读者提出任何意见和建议。

前　　言

本书将通过简单的实际示例帮助读者开发面向移动设备的机器学习应用程序。读者将从了解机器学习的基础知识开始，到通读本书后，将对什么是面向移动设备的机器学习以及可用于实现移动设备机器学习的工具/SDK 有很好的了解，并且也将能够实现可以在 iOS和 Android 上运行的移动应用程序中的各种机器学习算法。

读者将理解什么是机器学习，什么力量在推动面向移动设备的机器学习，以及面向移动设备的机器学习的独特性。将接触到所有移动设备机器学习工具和 SDK：TensorFlowLite、Core ML、ML Kit 和 Fritz。本书将探讨每个工具箱的高级体系结构和组件。到本书结尾，读者将对机器学习模型有广泛的了解，并能够执行设备上的机器学习。也将深入了解机器学习算法，例如回归、分类、线性支持向量机（SVM）和随机森林等。而且将学习如何进行自然语言处理以及实现垃圾邮件检测。最后，将了解如何将使用 Core ML 和TensorFlow 创建的现有模型转换为 Fritz 模型。本书还讨论了神经网络，以及机器学习的未来。本书最后还包含一个"常见问题解答"形式的附录，回答了读者可能对移动设备的机器学习所产生的疑问。

本书将帮助读者构建一个有趣的健康饮食应用程序，该应用程序可以提供相机捕获的食物的热量值，它在 iOS 和 Android 系统中均可以运行。

本书适合的读者

如果你是渴望使用机器学习并在移动设备和智能设备上使用机器学习的移动开发人员或机器学习用户，则本书非常适合你。如果你拥有机器学习的基础知识和移动应用程序开发的初级经验，那更是再好不过了。

本书内容综述

第 1 章"面向移动设备的机器学习应用程序"，解释了什么是机器学习以及为什么要在移动设备上使用机器学习，还介绍了机器学习的不同方法及其优缺点。

第 2 章 "监督学习和无监督学习算法"，详细阐述了机器学习算法中的有监督和无监督两种方式。本章深入研究了不同的监督学习和无监督学习算法，如朴素贝叶斯、决策树、SVM、聚类、关联规则等。

第 3 章 "iOS 上的随机森林"，深入介绍了随机森林和决策树，并说明了如何应用它们解决机器学习问题。我们还将使用随机森林算法创建一个应用程序来诊断乳腺癌。

第 4 章 "在 Android 中使用 TensorFlow"，详细阐述了针对移动设备的 TensorFlow，即 TensorFlow Lite。我们还阐释了移动机器学习应用程序的体系结构，并使用了 Android 中的 TensorFlow 来编写应用程序。

第 5 章 "在 iOS 中使用 Core ML 进行回归"，探讨了回归算法和 Core ML，并展示了如何应用它来解决机器学习问题。我们将使用 scikit-learn 创建一个应用程序来预测房价。

第 6 章 ML Kit SDK，探讨了 ML Kit 及其优点。我们将使用 ML Kit 以及设备和云 API 创建一些图像标签应用程序。

第 7 章 "垃圾邮件检测"，详细阐述了自然语言处理（NLP）和 SVM 算法。我们将解决批量短信的处理问题，即检查邮件是否为垃圾邮件。

第 8 章 Fritz，深入介绍了面向移动设备的机器学习平台 Fritz。我们将在 iOS 中使用 Fritz 和 Core ML 创建一个应用程序。本章还详细介绍了如何将 Fritz 与前面创建的示例数据集一起使用。

第 9 章 "移动设备上的神经网络"，详细阐述了神经网络、Keras 及其在移动机器学习领域中的应用的概念。本章还创建了一个应用程序来识别手写数字，并且还创建了一个 TensorFlow 图像识别模型。

第 10 章 "使用 Google Cloud Vision 的移动应用程序"，详细介绍了 Android 应用程序中的 Google Cloud Vision 标签检测技术，以确定相机拍摄的照片中的内容。

第 11 章 "移动应用程序上机器学习的未来"，介绍了主要的机器学习移动应用程序和重点创新领域以及它们为利益相关者提供的机会。

附录 A "问题与答案"设想了一些读者可能思考过的问题，并尝试提供了与该领域相关的问题的答案。

充分利用本书

要充分利用本书，读者需要具备一些关于机器学习、Android Studio 和 Xcode 等方面的基础知识。

下载示例代码文件

读者可以从 www.packt.com 下载本书的示例代码文件，具体步骤如下。

（1）登录或注册 www.packt.com。

（2）选择 Support（支持）选项卡。

（3）单击 Code Downloads&Errata（代码下载和勘误表）。

（4）在 Search（搜索）框中输入图书名称 *Machine Learning for Mobile*，然后按屏幕上的提示操作。

下载文件后，请确保使用下列最新版本的软件解压缩或提取文件夹。

❑　WinRAR/7-Zip（Windows 系统）。

❑　Zipeg/iZip/UnRarX（Mac 系统）。

❑　7-Zip/PeaZip（Linux 系统）。

该书的代码包也已经在 GitHub 上托管，网址如下：https://github.com/PacktPublishing/Machine-Learning-for-Mobile。如果代码有更新，那么它将在现有的 GitHub 存储库中进行更新。

我们还提供了丰富的书籍和视频目录中的其他代码包，可从网站 https://github.com/PacktPublishing/上下载。

下载彩色图像

我们还提供了一个 PDF 文件，其中包含本书中使用的屏幕截图/图表的彩色图像，其链接地址如下。

https://www.packtpub.com/sites/default/files/downloads/9781788629355_ColorImages.pdf

本书约定

本书将可以看到许多区分不同类型信息的文本样式。以下是这些样式的一些示例以及对它们的含义的解释。

（1）CodeInText：表示文本中的代码字、数据库表名、文件夹名、文件名、文件扩展名、路径名、虚拟 URL、用户输入和 Twitter 句柄等。以下段落就是一个示例。

当应用程序**反序列化**（Deserialize）Core ML 模型时，它将成为具有 prediction 方法的对象。Core ML 并不是真正用于训练，而只是用于运行预训练的模型。

（2）代码块显示如下。

```
# 导入必需的软件包
import numpy as np
import pandas as pd
```

（3）当我们希望引起你对代码块特定部分的注意时，相关的行或项目将以粗体显示。

```
# 读入并解析数据
raw_data = open('SMSSpamCollection.txt', 'r')
sms_data = []
for line in raw_data:
    split_line = line.split("\t")
    sms_data.append(split_line)
```

（4）任何命令行输入或输出都采用如下所示的粗体代码形式。

```
pip install scikit-learn
pip install numpy
pip install coremltools
pip install pandas
```

（5）新术语和重要单词以粗体显示，并提供了中英文对照的形式。

Core ML 是特定领域的框架和功能的基础。例如，Core ML 为 Vision 提供了图像处理的支持，为 Foundation 提供了**自然语言处理**（Natural Language Processing，NLP）的支持（例如 NSLinguisticTagger 类），为 GameplayKit 提供了对**学习决策树**（Learned Decision Tree）进行分析的支持。

ⓘ该图标旁边的文字表示警告或重要的信息。

💡TIP该图标旁边的文字表示提示或技巧。

关于作者

Revathi Gopalakrishnan 是一位软件专业人员，在 IT 行业拥有超过 17 年的经验。她广泛从事移动应用程序开发，并担任过各种角色，包括开发人员和架构师，并领导了大型组织的各种企业移动支持计划。她还为全球各种客户开发了许多消费者应用程序。她对新兴领域很感兴趣，并且机器学习就是其中之一。通过这本书，她试图阐明机器学习如何使移动应用程序开发变得更有趣和更强大。

　　"非常感谢帮助我完成本书的人们，感谢 Varsha、Karan 和 Packt 团队给予我的良好机会，感谢我的父母、丈夫和孩子们的所有支持，特别感谢 Avinash Venkateswarlu 对这本书的所有贡献。"

　　Avinash Venkateswarlu 在 IT 领域拥有 3 年以上的经验，目前正在探索移动机器学习。他曾在企业移动支持项目中工作，并且对新兴技术（例如移动机器学习和加密货币）感兴趣。

关于审稿者

　　Karthikeyan NG 是印度生活方式和时尚零售品牌的工程和技术负责人。他曾在 Symantec Corporation（赛门铁克公司）担任软件工程师，并曾在两家美国初创公司担任早期雇员，开发出了各种产品。他在使用 Web、移动、机器学习、AR 和 VR 技术的各种可扩展产品方面拥有超过 9 年的经验。他是一位有抱负的企业家和技术传播者。他的兴趣在于运用新技术和创新思想来解决问题。他还囊括了超过 15 场黑客马拉松的奖项，并且是 TEDx 演讲人、技术会议和聚会的演讲者，以及班加罗尔大学的客座讲师。

目　　录

第 1 章　面向移动设备的机器学习应用程序

我们生活在移动应用程序的世界中，它们已经成为日常生活中不可或缺的一部分，因此很少有人去关注它们背后的数字（这些数字包括它们的收入、业务的实际市场规模以及可推动移动应用程序增长的定量数据）。不妨来看一看下面这些数字。

❑ 根据《福布斯》预测，到 2020 年，移动应用程序收入将达到 1890 亿美元。

❑ 全球智能手机应用安装基数正在成倍增加，因此，从安装在其上的应用程序获得的收入也在以惊人的速度增长。

现在，移动设备和服务已经成为人们娱乐和商务生活以及通信的枢纽。智能手机已取代个人电脑，成为最重要的智能连接设备。移动创新、新业务模式和移动技术正在深刻地改变着人们的生活。

接下来，再聊一聊机器学习（Machine Learning）。为什么最近机器学习会蓬勃发展呢？机器学习并不是一门新学科，它在 20 年前就已经存在了，为什么现在突然成为焦点，以至于每个人都在谈论它？原因很简单：数据爆炸。社交网络和移动设备使用户数据的生成前所未有。十年前，你不会像今天那样将图像上传到云中，因为当时的手机普及率无法与今天相比。4G 乃至 5G 连接使得实时的视频数据点播（Video Data On-demand，VDO）成为可能，因此这意味着越来越多的数据正以前所未有的速度在全世界运行。预计下一个时代将是物联网（Internet of Things，IoT）时代，届时将有更多基于数据传感器的数据。

所有这些数据只有在我们可以正确使用、获取可为我们带来价值的见解以及带来看不见的数据模式（提供新的业务机会）的情况下才有价值。因此，要做到这一点，机器学习是解锁每天堆积的大量数据中存储的价值的正确工具。

所以，显然现在是成为移动应用程序开发人员的好时机，也是成为机器学习数据科学家的好时机。但是，如果能够将机器学习的力量带入移动设备，开发出善用机器学习的力的真正实用的移动应用程序，那会是非常令人兴奋的成果。这就是在本书中要尝试的工作：向移动应用程序开发人员提供有关机器学习基础的见解，为他们提供各种机器学习算法和面向移动设备的机器学习 SDK/工具，并帮助他们使用这些 SDK/工具开发出的可在移动设备上运行的机器学习应用程序。

移动领域的机器学习是移动开发人员必须正确理解的关键创新领域，因为它正在改户可视化和利用移动应用程序的方式。那么，机器学习如何才能让移动应用程序脱胎换骨，并将其转换为任何用户都梦寐以求的应用程序呢？下面的示例帮助读者大致了解机器学习可以为移动应用程序做什么。

❑ Facebook 和 YouTube 移动应用程序使用机器学习——它们的"推荐内容"或"你可能认识的人"都采用了机器学习算法。

❑ Apple 和 Google 会读取每个用户的行为或他们的用词，并在此基础上推荐适合该用户打字风格的词句。它们已经在 iOS 和 Android 设备中实现了此功能。

❑ Oval Money 可分析用户先前的交易，并为他们提供不同的方式来避免额外的支出。

❑ Google Maps 正在使用机器学习来使你的生活更轻松。

❑ Django 使用机器学习来解决问题，以找到完美的表情符号。它是一个浮动助手，可以集成到不同的即时通信应用程序中。

机器学习可以应用于属于任何领域的移动应用程序，包括医疗保健、金融、游戏、通信或阳光下的任何东西，因此，我们需要了解机器学习的全部意义。

本章将讨论以下主题。

❑ 什么是机器学习？

❑ 什么时候适合使用机器学习完成解决方案？

❑ 机器学习的类别。

❑ 机器学习中的关键算法。

❑ 实现机器学习所需遵循的过程。

❑ 众所周知的一些机器学习关键概念。

❑ 实现机器学习的挑战。

❑ 为什么在移动应用程序中使用机器学习？

❑ 在移动应用程序中实现机器学习的方法。

1.1　机器学习的定义

机器学习专注于编写可以学习过去的经验的软件。卡内基梅隆大学（CM　　　　学姆·米切尔（Tom Mitchell）给出的机器学习的标准定义之一如下。　　　　　　威

机器学习计算机程序是从经验（Experience）E 中学习有关某类任务（T　　　　的某一性能变量（Performance Measure）P 的信息，通过 P 测定在 T 上的表　　　学提高而有所提高。　　　　　　　　　　　　　　　　　　　　　　　　　　　　强

例如，学习国际象棋的计算机程序可能会通过对自己下棋的经验的　能，这可以通过在涉及国际象棋的任务类别中获胜的能力来衡量。一般　　　变月

个明确的学习问题，必须确定任务的类别、要改进性能的测量标准以及经验的来源。以一个象棋学习问题为例，它包括任务、绩效评估和训练经验，其中：

- ❑ 任务 T 是下棋。
- ❑ 绩效指标 P 是与对手下棋的获胜百分比。
- ❑ 训练经验 E 是与自己下棋的程序。

简而言之，如果计算机程序能够借助先前的经验来改进其执行任务的方式，那么就知道计算机已经学习到该方式了。这种场景（Scenario）与传统的可以执行特定任务的程序有很大的不同，因为传统程序已经由程序员定义了所有参数并提供了执行此操作所需的数据。传统程序也可以执行下象棋的任务，那是因为程序员已经编写了具有内置获胜策略的下象棋的代码。但是，机器学习程序却不具有这样的内置策略。实际上，它只有一套合乎游戏中棋规的着法规则以及赢棋的场景。在这种情况下，机器学习程序需要通过反复玩游戏来学习，直到可以取胜为止。

机器学习是否适用于所有场景？我们究竟应该什么时候让机器学习而不是直接使用指令对机器进行编程以执行任务？

机器学习系统并不是基于知识的系统。在基于知识的系统中，我们可以直接使用知识来整理所有可能的规则以推理出解决方案。当指令的编纂不是很简单时，我们便进行机器学习。机器学习程序在以下场景下将更适用。

- ❑ 很难编程的非常复杂的任务。有一些人类执行的日常任务，例如，说话、驾驶、看到并认出事物、品尝食物、观察事物并给它们分类等，这对我们来说似乎很简单。但是，我们并不知道自己的大脑是如何连接感知或编程的，或者需要定义什么规则才能无缝地执行所有这些操作，为此可以创建一个程序来复制这些动作。通过机器学习可以执行其中的某些任务，虽然可能达不到人类所能达到的程度，但是机器学习在这里具有巨大的潜力。
- ❑ 处理大量数据的非常复杂的任务。有些任务包括分析大量数据并找到隐藏的模式，或者在数据中提出新的相关性，这是人类不可能做到的。机器学习对于获得人类匪夷所思的任务解决方案很有帮助，并且由于各种解决方案的可能性，其本质上是如此复杂，以至于人类无法确定解决方案。
- ❑ 适应环境和数据的变化。用一组指令硬编码的程序无法适应不断变化的环境，也无法扩展到新环境，而这两者都可以使用机器学习程序来实现。

💡 提示：

机器学习是一门艺术，专门研究机器学习的数据科学家需要具有多种技能的组合，例如数学、统计学、数据分析、工程学、创意艺术、会计学、神经科学、认知科学和经济学等。他需要先成为一名样样精通的万能博士，然后才是一个机器学习方面的大师。

1.2　机器学习过程

机器学习过程是一个迭代过程，它不能一口气完成。机器学习解决方案要执行的最重要的活动如下。

（1）定义机器学习问题（必须明确定义）。

（2）收集、准备和增强所需的数据。

（3）使用该数据构建模型。此步骤循环进行，并涵盖以下各个子步骤。有时，它也可能要求重新进行上述步骤（2），甚至需要重新定义问题说明。

❑　选择适当的模型/机器学习算法。

❑　在训练数据上训练机器学习算法并建立模型。

❑　测试模型。

❑　评估结果。

❑　继续此阶段，直到评估结果令人满意并确定模型。

（4）使用最终模型对问题陈述（**Problem Statement**）进行将来的预测。

整个过程涉及 4 个主要步骤，这些步骤是迭代和重复的，直至达到目标为止。我们将在以下各节中详细介绍每个步骤。如图 1-1 所示就是对上述过程的图形化整理，它将有助于对其进行详细的研究。

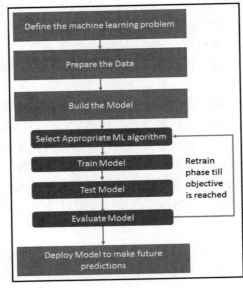

图 1-1

原　　文	译　　文
Define the machine learning problem	定义机器学习问题
Prepare the Data	准备数据
Build the Model	建立模型
Select Appropriate ML algorithm	选择适当的机器学习算法
Train Model	训练模型
Test Model	测试模型
Evaluate Model	评估模型
Deploy Model to make future predictions	部署模型以做出对未来的预测
Retrain phase till objective is reached	重新训练直至达到目标

1.2.1　定义机器学习问题

根据汤姆·米切尔的定义，该问题必须是定义明确的机器学习问题。在此阶段要解决以下 3 个重要问题。

- ❏　我们有正确的问题吗？
- ❏　我们有正确的数据吗？
- ❏　我们有正确的成功标准吗？

问题应该是这样的：要解决的问题所得到的结果对于企业来说是有价值的。应该有足够的历史数据可用于学习/训练。目标应该是可衡量的，我们应该在任何时间点上知道已经实现了多少目标。

例如，如果能从一组在线交易中识别出欺诈交易，那么确定此类欺诈交易绝对会对企业有价值。我们需要有足够多的在线交易数据集，也应该有一组属于各种欺诈类别的交易数据集。我们还应该有一种机制来确定是否可以对预测为欺诈或非欺诈交易的结果进行验证和确认，以确保预测的准确性。

💡 提示：

究竟需要多少数据才算是"足够"实现机器学习？这个概念，对于初始训练程序（Starter）而言，至少需要有 100 个项目的数据集，而如果有 1000 个数据集则更好。拥有的数据越多，可以涵盖问题领域的现实场景越多，则对于学习算法而言就越好。

1.2.2　准备数据

数据准备活动是学习解决方案成功的关键。数据是机器学习所需的关键实体，必须正确准备数据以确保获得正确的最终结果和目标。

💡 提示：

　　数据工程师在数据准备阶段通常需要花费大约总体时间的 80%～90%来获取正确的数据，因为这对于成功实现机器学习程序是至关重要的，它也是最关键的任务。

　　为了准备数据，需要执行以下操作。

　　（1）识别所有数据源。我们需要识别所有可以解决当前问题的数据源，并从文件、数据库、电子邮件、移动设备、互联网等多个源中收集数据。

　　（2）探索数据。此步骤涉及理解数据的性质，如下所示。

❑　集成来自不同系统的数据并进行探索。

❑　了解数据的特征（Characteristics）和性质（Nature）。

❑　浏览数据实体之间的关联。

❑　识别离群值（Outliers）。离群值将有助于识别数据中的不寻常的问题。

❑　应用各种统计原理，例如计算中位数（Median）、平均值（Mean）、众数（Mode）、极差（Range）和标准偏差（Standard Deviation），以得出数据偏度（Data Skewness），这将有助于理解数据的性质和分布（Spread）。

❑　如果数据有偏差，或者如果我们看到极差的值在预期边界之外，则可以知道该数据有问题，因此需要重新访问该数据源。

❑　通过图表对数据进行可视化还将有助于理解数据的分布和质量。

　　（3）预处理数据。此步骤的目标是创建可用于下一步格式的数据：

❑　数据清理。

　　➤　解决缺失的值。推算缺失值的常用策略是用平均值或中位数替换缺失值。定义替换缺失值的策略很重要。

　　➤　处理重复值、无效数据、不一致数据、离群值等。

❑　特征（Feature）选择。选择最适合当前问题的数据特征。删除多余或不相关的特征将简化该过程。

❑　特征转换。此阶段将数据从一种格式映射到另一种格式，这将有助于继续进行机器学习的下一步。这涉及规范化（Normalize）数据和降维（Dimensionality Reduction）。具体方法是将各种特征组合为一个特征或创建新特征，例如，假设将日期和时间作为属性（Attribute），那么将它们转换为一周中的某天、某月的某天和某年将更有意义，这将提供更有意义的见解。

　　➤　创建一个变量与另一个变量的笛卡儿积（Cartesian Products）。例如，如果有两个变量，分别是人口密度（数学、物理学和商业）和性别（女和男），则这两个变量的笛卡儿积所形成的特征可能包含有用的信息，从而产生诸如（maths_girls、physics_girls、commerce_girls、maths_boys、physics_boys 和 commerce_boys）之类的特征。

➢ 将数字变量绑定到类别。例如，臀部/肩膀的大小值可以归类为小、中、大和特大等类别。

➢ 特定领域的特征，例如，将科目数学、物理和化学结合到一个数学组，将物理、化学和生物学结合到一个生物学组。

（4）将数据分为训练集（Training Set）和测试集（Test Set）。数据转换之后，需要选择所需的测试集和训练集。在训练数据集上对算法进行训练后，可以针对测试数据集评估算法。将数据拆分为训练和测试数据集可以非常直接，就是执行随机数据拆分（训练集为 66%，测试集为 34%），或者也可以采用更复杂的采样方法。

💡 提示：

训练集和测试集各占 66% 和 34% 的比例只是一个参考。如果有 100 万条数据，那么 90% 和 10% 的分割就足够了。如果拥有 1 亿条数据，那么甚至可以降低到 99% 和 1%。

在训练期间，已经训练的模型不会出现在测试数据集，并且对该数据集进行的任何预测都旨在从总体上指示模型的性能，因此，需要确保所选择的数据集对于将要求解的问题具有很好的代表性。

1.2.3　建立模型

如前所述，模型构建阶段包括许多子步骤，例如选择合适的机器学习算法、训练模型、对模型进行测试、评估模型以确定目标是否已实现等。如果未实现目标，则进入重新训练的阶段，方法有两种：一是使用相同的算法，但是选择不同的数据集；二是使用全新的算法，直至达到目标。

1.2.3.1　选择适当的机器学习算法

建立模型的第一步是选择可以解决问题的适当的机器学习算法。

此步骤涉及选择正确的机器学习算法并建立模型，然后使用训练集对其进行训练。该算法将从可将变量映射到目标的训练数据模式中学习，并将输出捕获这些关系的模型。最后，可以使用机器学习模型来获取研究者不知道目标答案的新数据的预测。

1.2.3.2　训练机器学习模型

该步骤的目标是选择最合适的算法来构建机器学习模型，对其进行训练，然后分析接收到的结果。首先，可以选择适当的机器学习技术来分析数据。本书第 3 章的"iOS 上的随机森林"将讨论不同的机器学习算法，并详细介绍它们所适合的问题类型。

训练过程和结果分析也将根据所选的训练算法而有所不同。

训练阶段通常会使用转换后的数据中存在的数据的所有属性，其中包括预测变量（Predictor，又称为自变量）属性和目标（Objective）属性。所有数据特征都可以在训练阶段中使用。

1.2.3.3　测试模型

在训练数据中训练了机器学习算法之后，下一步就是在测试数据中运行模型。

数据的整个属性集或特征集分为预测变量属性和目标属性。数据集的预测变量属性/特征将作为输入提供给机器学习模型，并且该模型将使用这些属性来预测目标属性。测试集仅使用预测变量属性。现在，该算法将使用预测变量属性并输出关于目标属性的预测。提供输出之后，可以将其与实际数据进行比较，以了解算法输出的质量。

测试的结果应正确呈现，以供进一步分析。在结果中呈现的内容以及如何呈现它们至关重要，它们也可能带来新的业务问题。

1.2.3.4　评估模型

应该有一个过程来测试机器学习算法，以了解我们是否选择了正确的算法，并针对问题陈述验证算法提供的输出。

这是机器学习过程的最后一步，我们将使用定义好的成功标准阈值来检查准确性，如果准确性大于或等于阈值，则可以认为已经达成目标。如果未达成目标，则需要使用不同的机器学习算法、不同的参数设置、更多的数据以及更改后的数据转换重新开始。可以重复整个机器学习过程中的所有步骤，也可以仅重复其中的一部分。重复这些步骤，直到达成目标并对结果满意为止。

🛈 注意：

机器学习过程是一个非常依赖迭代的过程。从一个步骤中找到的结果可能需要使用新信息来重复上一个步骤，例如，在数据转换步骤中，我们可能会发现一些数据质量问题，而这些问题又可能需要我们回去从其他来源获取更多的数据。

每个步骤可能还需要若干次迭代。由于数据准备步骤可能会经历多次迭代，而模型选择也可能会经历多次迭代，因此迭代在这里特别有意义。在执行机器学习所列出的整个活动序列中，任何活动都可以重复多次。例如，在继续测试模型之前，尝试使用不同的机器学习算法来训练模型是很常见的。因此，对于开发人员来说，重要的是要认识到这是一个高度迭代的过程，而不是线性过程。

1. 创建测试集

必须清楚地定义测试数据集。测试数据集的目标如下。

❑ 快速而一致地测试选定的用来解决问题的算法。

❑ 测试各种算法以确定它们是否能够解决问题。

❑ 确定哪一种算法最适合用来解决该问题。

❑ 确定用于评估目的的数据是否存在问题，因为如果所有算法始终未能产生正确的结果，则可能需要重新准备数据。

2. 绩效评估

绩效评估是评估已创建模型的一种方法。需要使用不同的绩效指标（Performance Metrics）来评估不同的机器学习模型。可以选择标准绩效指标来测试模型，开发人员也可以为自己的模型自定义绩效指标（一般情况下是不需要的）。

以下是了解算法性能指标时需要知道的一些重要术语。

❑ 过度拟合（Overfitting）：当看到模型在训练数据上表现良好但在评估数据上表现不佳时，该机器学习模型就过度拟合了训练数据。这是因为该模型记忆了已看到的数据，而无法将其推广到未见过的示例。

❑ 欠拟合（Underfitting）：当机器学习模型在训练数据上的表现较差时，则该模型对训练数据欠拟合或拟合不足。这是因为模型无法捕获输入示例（通常称为 **X**）和目标值（通常称为 **Y**）之间的关系。

❑ 交叉验证（Cross-Validation）：交叉验证是一种通过将原始样本分为训练模型的训练集和评估模型的测试集来评估预测模型的技术。在 k 倍交叉验证中，原始样本被随机分为 k 个大小相等的子样本。

❑ 混淆矩阵（Confusion Matrix）：在机器学习领域，尤其是统计分类问题中，混淆矩阵也称为误差矩阵（Error Matrix），是一种特定的表布局，可以对算法的性能进行可视化处理。

❑ 偏差（Bias）：偏差是模型以一致方式进行预测的趋势。偏差反映的是模型在样本上的输出与真实值之间的误差，即模型本身的正确率。

❑ 方差（Variance）：方差同样是模型做出预测的趋势，但是该预测会因为参数和标签之间的真实关系而出现变化。方差反映的是模型每一次输出结果与模型输出期望之间的误差，即模型的稳定性。

❑　正确率（Accuracy）：正确率就是将正确的结果除以总结果。

❑　误差（Error）：误差就是将错误的结果除以总结果。

❑　精度（Precision）：机器学习算法返回的正确结果数除以所有返回结果数。

❑　召回率（Recall）：机器学习算法返回的正确结果数除以应返回的结果数。

1.2.4　进行预测/现场部署

模型准备就绪后，可以将其部署到现场以供使用，可以使用已在现场构建和部署的模型对即将到来的数据集进行预测。

1.3　学习类型

对于如何定义机器学习算法的类型，有一些不同的变体。算法的最常见分类是根据算法的学习者类型完成的，其分类如下。

❑　监督学习。

❑　无监督学习。

❑　半监督学习。

❑　强化学习。

1.3.1　监督学习

监督学习（Supervised Learning，也称为有监督学习）是一种学习类型，这种类型将向模型提供足够的信息和知识，并对其进行密切监督以进行学习。因此，监督学习可以基于已完成的学习来预测新数据集的结果。

在这里，模型是在监督模式下进行训练的，类似于教师的监督。在这种学习类型中，我们向模型提供了足够的包含输入/预测变量的训练数据，并对其进行训练以显示正确的答案或输出。因此，这种类型可以学习并能够预测将来可能出现的未见过的数据的输出。

一个典型的监督学习例子就是标准的鸢尾属植物（Iris）数据集。Iris 数据集由 3 种鸢尾属植物组成，每种鸢尾属植物的长度、萼片宽度、花瓣长度和花瓣宽度均已给出。对于这 4 个参数的特定模式，将提供关于此类集合应属于哪个物种的标签。通过学习，模型将能够预测标签（在这种情况下，就是基于特征集的鸢尾属植物种类）在本示例中的 4 个参数。

　　监督学习算法将尝试对目标预测输出和输入特征之间的关系和依赖性进行建模，以便可以根据从先前数据集中学习到的那些关系预测新数据的输出值。

　　图 1-2 以图示方式勾画出了监督学习的概念。监督学习算法可以使用带有标签的数据作为输入以建立模型，这是训练阶段（Training Phase）。然后，使用该模型预测没有标签的任何输入数据的分类标签，这是测试阶段（Testing Phase）。

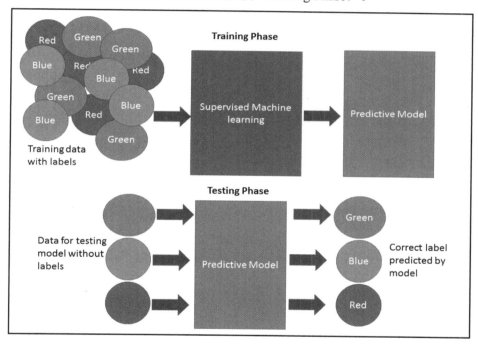

图 1-2

原　　文	译　　文
Training Phase	训练阶段
Training data with labels	包含标签的训练数据
Supervised Machine learning	监督机器学习
Predictive Model	预测模型
Testing Phase	测试阶段
Data for testing model without labels	没有标签的测试模型的数据
Correct label predicted by model	模型预测的正确标签

同样，在监督学习算法中，基于所考虑的场景类型和所考虑的数据集，预测的输出可以是离散/分类值（Discrete/Categorical Value），也可以是连续值（Continuous Value）。如果预测的输出是离散/分类值，则此类算法属于分类算法（Classification Algorithm）；如果预测的输出是连续值，则此类算法属于回归算法（Regression Algorithm）。

如果有一组电子邮件，你想从中学习，以便能够分辨出哪些电子邮件属于垃圾邮件类别，哪些电子邮件属于非垃圾邮件类别，则用于此目的的算法将属于分类算法类型的监督学习算法。在该示例中，你需要向模型提供一组电子邮件，并向模型提供有关属性的足够知识，然后基于该知识将电子邮件分为垃圾邮件类别或非垃圾邮件类别。因此，预测的输出将是分类值，即垃圾邮件或非垃圾邮件。

现在来考虑一个基于给定参数集的用例，假设我们需要预测给定区域中房屋的价格。该示例中的预测输出就不能是分类值，它将是一个范围或连续值，并且会定期变化。在此问题中，也需要为模型提供足够的知识，并以此为基础来预测定价。这种类型的算法属于回归算法类型的监督学习算法。

以下算法均属于机器学习系列的监督学习类别。

❏ K 最近邻算法（K-Nearest Neighbor，KNN）。

❏ 朴素贝叶斯法（Naive Bayes）。

❏ 决策树（Decision Tree）。

❏ 线性回归（Linear Regression）。

❏ 逻辑回归（Logistic Regression）。

❏ 支持向量机（Support Vector Machines，SVM）。

❏ 随机森林（Random Forest）。

1.3.2　无监督学习

在这种学习模式中，没有对模型进行监督来学习。该模型会根据输入的数据自行学习，并为我们提供已学习的模式。它不会预测任何离散的范畴值或连续值，而是通过查看输入的数据来提供它已经理解的模式。输入的训练数据是无标签的，没有为模型学习提供足够的知识信息。

在该学习模式中，根本没有监督。实际上，该模型在学习数据后也许能够教给我们一些新事物。当特征集太大且用户并不知道要在数据中查找什么内容时，这些算法非常有用。

这类算法主要用于模式检测（Pattern Detection）和描述性建模（Descriptive Modeling）。

描述性建模总结了来自数据的相关信息，并提供了已发生事件的摘要，而与之相对应的，预测性建模（Predictive Modeling）则是总结了数据并提供了可能发生的事件的摘要。

无监督学习算法可用于两种类别的预测：使用输入的数据，并可以提出不同的模式、数据点的摘要以及人眼不可见的洞察力；可提出有意义的派生数据或数据模式，这些数据或数据模式对最终用户可能非常有用。

图 1-3 以图示方式勾画出了无监督学习的概念。无监督学习算法可以将不带标签的数据作为输入以建立模型，这是训练阶段。然后，使用该模型可预测没有标签的任何输入数据的正确模式，这是测试阶段。

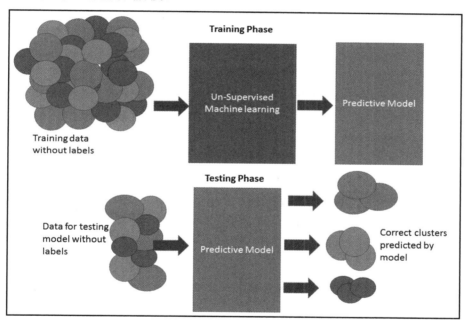

图 1-3

原　　文	译　　文
Training Phase	训练阶段
Training data without labels	无标签的训练数据
Un-Supervised Machine learning	无监督学习
Predictive Model	预测模型
Testing Phase	测试阶段
Data for testing model without labels	没有标签的测试模型的数据
Correct clusters predicted by model	模型预测的正确簇

在这一系列算法中，它们将基于输入到模型的输入数据和模型采用的方法，推理数据集中的模式（Pattern）。无监督学习有两种常见的算法类别，分别是聚类算法（Clustering Algorithm）和关联规则映射算法（Association Rule Mapping Algorithm）。

聚类算法可以分析输入数据集，并将具有相似性的数据项分组到同一聚类中。它会产生不同的聚类（Cluster），并且每个聚类将保存彼此之间更相似的数据项，以示与其他聚类的不同。有多种机制可用于创建这些聚类。

客户细分就是聚类的一个示例。假设我们已经拥有一个庞大的客户数据集，并捕获了客户的所有特征。该模型可能会提出有趣的客户聚类模式，这些模式在人眼看来可能非常明显。这样的聚类对于有针对性的市场营销可能非常有帮助。

另一种，关联规则学习是发现大型数据集中变量之间关系的模型。一个典型的例子是市场购物篮子分析。在这里，模型试图找到市场购物篮子中不同商品之间的牢固关系。它可以预测商品之间的关系，并确定用户在购买某商品时购买另一个特定商品的可能性。例如，它可能会预测购买面包的用户通常也会购买牛奶，或者购买啤酒的用户通常也会购买尿布，以此类推。

属于该类别的算法包括以下方面。

- 聚类算法。
  - 基于质心的算法（Centroid-Based Algorithm）。
  - 基于连通性的算法（Connectivity-Based Algorithm）。
  - 基于密度的算法（Density-Based Algorithm）。
  - 概率算法（Probabilistic Algorithm）。
  - 降维算法（Dimensionality Reduction Algorithm）。
  - 神经网络/深度学习（Neural Network/Deep Learning）。
- 关联规则学习算法。

1.3.3　半监督学习

在前两种类型中，数据集中的所有观测值都没有标签，或者所有观测值都存在标签。半监督学习（Semi-Supervised Learning）则介于两者之间。在许多实际情况下，标签的成本很高，因为它需要熟练的人类专家来完成。因此，如果大多数观察结果中都没有标签，但少数观察结果中存在标签，则半监督算法是建立模型的最佳选择。

语音分析是一种半监督学习模型的例子。给音频文件加上标签非常昂贵，并且需要很高水平的人工。应用半监督学习模型确实可以帮助改善传统的语音分析模型。

在此类算法中，同样基于预测的输出（可以是分类的或连续的），该算法系列可以是回归算法或分类算法。

1.3.4　强化学习

强化学习（Reinforcement Learning）是基于与环境互动的面向目标的学习。强化学习算法——被称为代理（Agent），以迭代方式不断从环境中学习。在此过程中，代理将从其对环境的经验中学习，直到探究出所有可能的状态，并能够达到目标状态为止。

让我们以一个学习骑自行车的孩子为例。孩子尝试骑乘学习，他可能会摔倒，他将了解如何保持平衡，如何继续骑行而不会跌倒，如何坐在正确的位置以使身体重心不会向一侧移动，注意观察路面状态，并且还需要根据路面、坡度、山坡等来计划动作。因此，他将了解到学习骑自行车所需的所有可能的场景和状态。跌倒可能被认为是负面反馈，而沿着坡度骑行的能力可能是孩子的积极奖励。这是经典的强化学习。这与模型在特定上下文中确定理想行为以最大化其绩效所执行的操作是一样的。代理需要简单的奖励反馈来了解其行为，这就是强化信号（Reinforcement Signal），如图 1-4 所示。

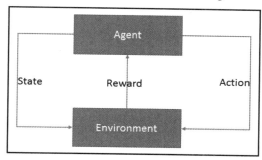

图 1-4

原　　文	译　　文
Agent	代理
State	状态
Reward	奖励
Action	动作
Environment	环境

现在可以总结一下通过前面的几幅示意图看到的学习算法的类型，以便为给定的问题陈述选择算法提供方便和参考，如图 1-5 所示。

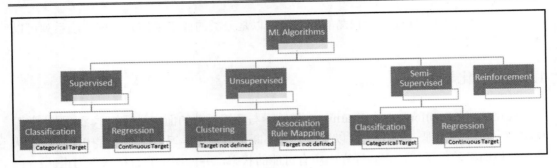

图 1-5

原　文	译　文
ML Algorithms	机器学习算法
Supervised	监督学习
Unsupervised	无监督学习
Semi-Supervised	半监督学习
Reinforcement	强化学习
Classification	分类算法
Categorical Target	分类目标
Regression	回归算法
Continuous Target	连续目标
Clustering	聚类算法
Target not defined	目标未定义
Association Rule Mapping	关联规则映射

1.3.5　机器学习的挑战

在机器学习中面临的一些挑战如下。

❑　缺少定义明确的机器学习问题。如果未按照要求的标准明确定义问题，则机器学习问题很可能会失败。

❑　特征工程。这涉及有关数据及其特征的每项活动，这些活动对于机器学习问题的成功至关重要。

❑　训练集和测试集之间的对应关系不够清晰。该模型通常在训练阶段表现良好，但由于缺乏训练集中所有可能的数据，因此在现场部署时惨遭失败。应该注意这一点，以使模型在现场部署时成功。

❑ 正确选择算法。虽然有各种各样的算法可用，但是哪一种算法最适合我们的问题呢？应该在迭代过程中正确选择所需的适当参数。

1.4　在移动设备上进行机器学习

机器学习需要从大量数据中提取有意义且可操作的信息。要分析大量数据并进行推理，需要大量计算，此处理非常适合云环境。但是，如果可以在移动设备上进行机器学习，那么将具有以下优点。

❑ 机器学习可以离线执行，这样就不需要将移动设备拥有的所有数据发送到网络，也不需要等待服务器返回结果。

❑ 避免了由于将移动数据传输到服务器而引起的网络带宽成本。

❑ 按本地方式处理数据可以避免延迟。移动机器学习具有很大的响应能力，这样就不必等待服务器的连接和响应。服务器响应最多可能需要 1～2 秒，但是移动机器学习则可以立即完成。

❑ 隐私——这是移动机器学习的另一个优势，无须将用户数据发送到移动设备外部，从而实现更好的隐私性。

机器学习始于计算机，但是新兴趋势表明，在移动设备上实现机器学习的移动应用程序开发是下一个热点。现代移动设备显示出高生产力水平，足以执行与传统计算机相同程度的适当任务，同样，来自全球公司的一些信号也证实了这一假设。

❑ Google 推出了 TensorFlow for Mobile。开发人员社区对此也非常感兴趣。

❑ Apple 已经发布了 Siri SDK 和 Core ML，现在所有开发人员都可以将此功能整合到他们的应用程序中。

❑ 中国联想公司正在开发他们的新智能手机，该智能手机可以在没有互联网连接的情况下运行，并执行室内地理位置和增强现实功能。

❑ 大多数移动芯片制造商（无论是华为、Apple、高通、三星还是 Google）都在进行硬件研究，以加速移动设备上的机器学习。

❑ 在硬件层面上发生了许多创新，以实现硬件加速，这使得我们在移动设备上部署机器学习应用程序变得更容易。

❑ 许多移动优化模型，例如 MobileNets、Squeeze Net 等都是开源的。

❑ 物联网设备和智能硬件设备的可用性正在增加，这将有助于创新。

❑ 人们对于离线场景有更多的用例。

❑　对于用户数据隐私的保护获得了越来越多的关注，并且用户也希望其个人数据完全不离开其移动设备。

移动设备上机器学习的一些经典示例如下。

❑　语音识别。

❑　计算机视觉和图像分类。

❑　手势识别。

❑　从一种语言翻译成另一种语言。

❑　交互式设备上文本检测。

❑　自动驾驶汽车、无人机导航和机器人。

❑　与医疗设备交互的患者监护系统和移动应用程序。

1.4.1　在移动应用程序中实现机器学习的方法

现在，我们已经清楚地了解了什么是机器学习，以及在学习问题中要执行的关键任务是什么。对于任何机器学习问题，要执行的 4 个主要活动如下。

（1）定义机器学习问题。

（2）收集所需数据。

（3）使用该数据构建/训练模型。

（4）使用模型进行预测。

训练模型是整个过程中最困难的部分。一旦我们训练了模型并准备好模型，则使用它来推理或预测新数据集就非常容易了。

对于以上各点提供的所有 4 个步骤，显然需要确定使用它们的位置——要么在设备上，要么在云中。

我们需要决定的主要事情如下。

❑　首先，是要训练和创建自定义模型还是使用预建模型？

❑　如果想要训练自己的模型，那么是在台式机还是在云上进行训练？有可能在移动设备上训练模型吗？

❑　一旦模型可用，是否要将其放置在本地设备中并在设备上进行推理，还是将模型部署在云端并从那里进行推理？

如图 1-6 所示解释了在移动应用程序中实现机器学习的广泛可能性，将在接下来的小节中详细介绍它。

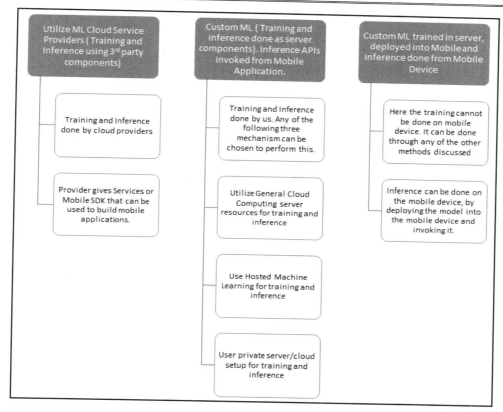

图 1-6

原　　文	译　　文
Utilize ML Cloud Service Providers (Training and Inference using 3rd party components)	利用机器学习云服务提供商（使用第三方组件进行训练和推理）
Training and inference done by cloud providers	由云服务提供商进行训练和推理
Provider gives Services or Mobile SDK that can be used to build mobile applications	云服务提供商提供可用于构建移动应用程序的服务或移动 SDK
Custom ML(Training and inference done as server components). Inference APIs invoked from Mobile Application	自定义机器学习（训练和推理作为服务器组件完成）。从移动应用程序调用推理 API
Training and inference done by us. Any of the following three mechanism can be chosen to perform this	由我们自己进行训练和推理。可以选择以下 3 种机制中的任何一种来执行此操作
Utilize General Cloud Computing server resources for training and inference	利用通用云计算服务器资源进行训练和推理

续表

原　　文	译　　文
Use Hosted Machine Learning for training and inference	使用托管机器学习进行训练和推理
User private server/cloud setup for training and inference	用户专用服务器/云设置，用于训练和推理
Custom ML trained in server, deployed into Mobile and inference done from Mobile Device	在服务器中训练过的自定义机器学习，部署到移动设备并在移动设备上进行推理
Here the training cannot be done on mobile device. It can be done through any of the other methods discussed	训练不能在移动设备上进行，可以通过前面讨论过的任何其他方法来完成
Inference can be done on the mobile device, by deploying the model into the mobile device and invoking it	将模型部署到移动设备并调用它，以便在移动设备上进行推理

1.4.1.1　利用机器学习服务提供商的机器学习模型

有许多服务提供商可以提供机器学习即服务（Machine Learning as a Service，MLaaS），我们可以考虑使用这种服务。

以下列出了若干个提供机器学习即服务的提供商，该列表每天都在增加。

- ❑ Clarifai。
- ❑ Google Cloud Vision。
- ❑ Microsoft Azure Cognitive Services。
- ❑ IBM Watson。
- ❑ Amazon Web Services。

如果我们使用机器学习即服务，则意味着训练已经完成，模型已经建立，并且模型特征也已作为 Web 服务公开。因此，我们通过移动应用程序要做的只是简单地使用所需的数据集调用模型服务，并从机器学习即服务提供商处获取结果，然后根据要求在移动应用程序中显示结果，如图 1-7 所示。

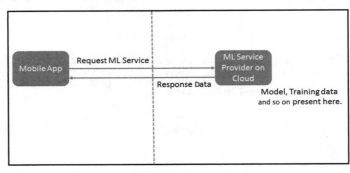

图 1-7

原　　文	译　　文
Mobile App	移动应用程序
Request ML Service	请求机器学习服务
Response Data	响应数据
ML Service Provider on Cloud	在云端的机器学习服务提供商
Model, Training data and so on present here	模型、训练数据等都在这里

一些机器学习即服务提供商还提供了一个 SDK，使集成工作更加简单。

我们可能需要向机器学习即服务提供商交付使用其机器学习 Web 服务的费用，可能有多种收费标准，如按调用次数或模型类型等收费。

这是使用机器学习服务的非常简单的方法，用户无须实际对模型做任何事情。最重要的是，机器学习服务提供商可以通过不断地重新训练（包括需要调用它时输入的新数据集等）来不断更新模型。因此，其模型的维护和改进工作实际上可以自动按例程进行。

由此可见，这种应用机器学习的模式对于移动领域的专家来说是最容易的，因为他们完全可以在对机器学习知之甚少的情况下构建出一个支持机器学习的应用程序。

所以，这种基于云的机器学习服务具有以下明显优势。

❑　它易于使用。

❑　不需要机器学习知识，并且最困难的训练部分是由服务提供商完成的。

❑　重新训练、模型更新、模型的支持和维护均由机器学习服务提供商完成。

❑　仅根据使用情况付费，没有维护模型、训练数据等的开销。

当然，这种方法也有其不足之处，具体包括以下方面。

❑　预测将在云中完成，因此，必须将要进行预测或推理的数据集发送到云端，数据集必须保持在最佳大小。

❑　由于数据是通过网络传输的，因此应用程序可能会遇到一些性能问题，因为整个过程现在都取决于网络。

❑　移动应用程序不能在离线模式下工作，而只能作为完全在线的应用程序工作。

❑　一般情况下，每次请求都要付费，因此，如果应用程序的用户数量成倍增加，则机器学习服务的成本也会增加。

❑　训练和再训练由云服务提供商控制，因此，他们可能已经完成了常见数据集的训练。如果移动应用程序需要使用真正独特的功能，则可能无法进行预测。

如果你是一个机器学习方面的初学者，想要开始创建支持机器学习的移动应用程序，那么这种模式在成本和技术可行性方面都非常合适。

1.4.1.2　训练机器学习模型的方法

有多种方法可以训练我们自己的机器学习模型。在开始训练模型之前，不妨思考一个问题：我们为什么要训练自己的模型？

一般来说，如果我们的数据在某种程度上是特殊的或唯一的，或是仅与我们自己的要求相关，无法使用现有的解决方案来解决我们的问题，那么开发人员就有必要考虑训练自己的机器学习模型。

为了训练我们自己的模型，需要有一个良好的数据集。所谓"良好的数据集"不仅质量要高，而且数量要足够庞大。

根据需求和数据量，可以按以下多种方式/地点来训练自己的模型。

❑　在台式机上（在云中进行训练）：
　　➢　通用云计算。
　　➢　托管机器学习。
　　➢　私有云/简单服务器。
❑　在移动设备上：一般来说，这是不太可行的，我们只能将训练后的模型部署在移动设备上，然后从移动设备调用它。到目前为止，训练过程本身在移动设备上进行仍然是不太现实的。

1.　在台式机上（在云中进行训练）

如果决定在台式机上进行训练，则必须根据需要在云中或在本地服务器上进行训练。如果决定使用云，那么又有以下两种选择。

❑　通用云计算。
❑　托管机器学习。

通用云计算（Generic Cloud Computing）有点类似于利用云服务提供商来执行我们的工作。我们想要进行机器学习训练，就必须要有一定的资源，如硬件、存储设备等。利用这些资源，才可以去做任何需要做的事情。我们需要在这里放置训练数据集、运行训练逻辑/算法、构建模型等。

一旦训练完成并创建了模型，就可以在任何地方使用该模型。对于云提供商，我们仅支付使用硬件和存储的费用。

Amazon Web Services（AWS）和 Microsoft Azure 就是此类云计算供应商的代表。使用这种方法的好处如下。

❑　硬件/存储可以随时购买和使用。当训练数据量增加时，无须担心增加存储量等问题，在需要时可以通过支付费用来增加。

❑ 训练完成并创建模型后，就可以释放计算资源。计算资源的成本仅用于训练期间，因此，如果能够快速完成训练，则可以节省很多费用。

❑ 可以免费下载经过训练的模型，并在任何地方使用。

采用这种方法时，需要注意以下几点。

❑ 我们需要自己管理整个训练工作和模型创建过程，通用云计算服务提供商提供给我们的只是执行此工作所需的计算资源。

❑ 我们需要知道如何训练和构建模型。

Amazon、Microsoft 和 Google 等多家公司现在均在其现有云服务之上提供了机器学习即服务。如果采用的是托管机器学习模式，则无须担心计算资源或机器学习模型。我们需要做的就是为问题集上传数据，从可用的模型列表中选择要为我们的数据训练的模型，仅此而已。机器学习即服务将负责训练模型并向我们提供经过训练的模型来使用。

当我们不是很精通编写自定义模型并对其进行训练，但又不想完全交给机器学习提供商使用他们的服务，而是希望在两者之间做些我们自己能做到的事情时，这种方法非常有效。我们可以自己选择模型，上传我们独特的数据集，然后根据我们的需求对其进行训练。

在这种类型的方法中，提供商通常将我们与他们的平台捆绑在一起。我们可能无法下载模型并将其部署到其他任何地方以供使用。可能需要与他们联系起来，并利用我们应用程序中的平台来使用经过训练的模型。

还有一点要注意的是，如果在以后的某个时间点，我们决定转移到另一个提供商，则无法将训练后的模型导出或导入另一个提供商。可能需要在新的提供商平台上再次执行训练过程。

在这种方法中，我们可能需要为计算资源（硬件/存储）付费，此外，在训练之后，如果要使用训练后的模型，我们可能仍然需要按使用情况持续付费，也就是说，按需付费。每当我们使用它时，都需要为使用的东西付费。

使用这种方法的好处如下。

❑ 无须担心训练数据所需的计算资源/存储。

❑ 不需要了解机器学习模型的细节即可构建和训练定制模型。

❑ 只需上传数据，选择用于训练的模型即可，我们将获得训练过的模型。

❑ 无须担心模型部署的位置问题，通过移动应用程序即可使用。

采用这种方法时，需要注意以下几点。

❑ 大多数情况下，我们可能会在训练过程后绑定到机器学习服务提供商的平台，以便使用训练后获得的模型，但是，也有一些例外，例如 Google 的云平台。

> ❑ 我们只能从提供商提供的模型中进行选择，并且只能从可用列表中选择。
> ❑ 无法将训练之后获得的模型从一个平台迁移至另一个平台，因此，如果以后要更改平台，则可能需要在新平台上再次训练。
> ❑ 不但需要为训练模型的计算资源付费，还需要支付后续使用模型的费用。

使用私有云/简单服务器类似于在通用云上进行训练，只是我们需要自己管理计算资源/存储。在这种方法中，我们唯一失去的是通用云解决方案提供商提供的灵活性，包括增加/减少计算和存储资源，以及维护和管理这些计算资源的开销等。

通过这种方法获得的主要优势在于获得数据的安全性。如果我们认为自己的数据确实是唯一的，并且需要完全确保其安全，则这是一种很好的用法。在该方案中，所有事情都在内部使用我们自己的资源完成。

使用这种方法的好处如下。

> ❑ 一切都在我们的绝对控制范围内，包括计算资源、训练数据、模型等。
> ❑ 更安全。

采用这种方法时，需要注意以下几点。

> ❑ 一切都需要由我们自己来管理。
> ❑ 应该清楚了解机器学习的概念、数据、模型和训练过程。
> ❑ 计算资源/硬件的持续可用性将由我们自己管理。
> ❑ 如果我们的数据集非常庞大，那么这可能成本效益较低，因为这可能需要根据增加的数据集规模扩展计算资源和存储量。

2．在移动设备上

在移动设备上的训练过程目前仍不被提倡。对于非常小的数据集，这可能是可行的。由于训练数据所需的计算资源非常多，以及存储数据所需的存储空间非常大，因此，移动设备通常不是执行训练过程的首选平台。

如果使用移动平台作为训练过程的平台，那么在训练阶段也会变得很复杂。

1.4.1.3　进行推理的方法——做出预测

在创建模型之后，需要将模型用于新的数据集以进行推理或做出预测。与采用各种方式进行训练过程的方式类似，我们也可以采用以下多种方法来进行推理过程。

> ❑ 在服务器上：
> > ➢ 通用云计算。
> > ➢ 托管机器学习。
> > ➢ 私有云/简单服务器机。

❑　在设备上。

在服务器上进行推理将需要网络请求，并且应用程序将需要在线才能使用此方法，但是，在设备上进行推理意味着该应用程序可以是完全离线的应用程序。因此，显然，就速度/性能等方面而言，在线应用程序均不如离线应用程序。

但是，如果推理需要有更多的计算资源（即需要更强的处理能力和更多内存），则在设备上是无法进行推理的。

1．在服务器上推理

采用这种方法之后，一旦模型训练完成，我们就可以将模型托管在服务器上，然后就可以通过应用程序利用它。

采用该方法时，其模型可以托管在云计算机或本地服务器中，也可以是托管的机器学习提供商的模型。服务器将发布端点 URL，需要对其进行访问以使用它进行所需的预测，所需的数据集将作为输入传递给服务。

在服务器上进行推理将使移动应用程序变得更简单，因为这样就可以定期改进模型，而不必重新部署移动客户端应用程序，可以将新特征轻松添加到模型中，而无须为任何模型更改升级移动应用程序。

使用这种方法的好处如下。

❑　移动应用程序变得相对简单。

❑　可以在不重新部署客户端应用程序的情况下随时更新模型。

❑　无须在特定操作系统的平台中编写复杂的推理逻辑即可轻松支持多个操作系统平台，一切都在后端完成。

采用这种方法时，需要注意以下几点。

❑　该应用程序只能在联机模式下工作，也就是说，该应用程序必须连接到后端组件才能执行推理逻辑。

❑　需要维护服务器的硬件和软件，并确保其已启动并正在运行。在用户增多的情况下，它需要不断扩展。为了实现可伸缩性，我们需要管理多个服务器，确保它们始终启动并运行，而这需要额外的成本。

❑　用户需要将数据传输到后端进行推理，如果数据量巨大，那么他们可能会遇到性能问题。此外，用户可能需要为传输数据付费。

2．在设备上推理

采用这种方法时，机器学习模型将被加载到客户端移动应用程序中。为了做出预测，移动应用程序将在设备上以本地方式使用其所有 CPU 或 GPU 运行所有推理计算。它不需要与服务器进行任何有关机器学习的通信。

速度是直接在设备上进行推理的主要原因，我们无须通过服务器发送请求并等待答复，事情几乎是瞬间发生的。

在这种情况下，由于模型与移动应用程序捆绑在一起，因此在一个地方升级模型并重用它不是很容易，移动应用程序必须升级才能完成模型的升级，必须向所有活动用户提供升级推送，所有这些都是很大的开销，并且会消耗大量的精力和时间。

即使是很小的更改，使用很少的其他参数来重新训练模型也将涉及应用程序升级的复杂过程，这需要将升级版本推送给实时用户，并维护相同的所需基础架构。

使用这种方法的好处如下。

❑ 用户可以在离线模式下使用移动应用程序。网络的可用性对于操作移动应用程序来说变成了可有可无的。

❑ 由于模型和应用程序源代码都在设备上，因此预测和推理可以快速执行。

❑ 预测所需的数据不需要通过网络发送，因此用户不涉及带宽成本。

❑ 没有运行和维护服务器基础架构的开销，也不需要管理多个服务器以实现用户的可伸缩性。

采用这种方法时，需要注意以下几点。

❑ 由于模型随应用程序一起提供，因此很难对模型进行更改。当然，这并不是说完全不可更改，而是说要使更改的版本到达所有客户端应用程序是一个很昂贵的过程，需要花费大量的精力和时间。

❑ 模型文件如果很大，则可能会大大增加应用程序的大小。

❑ 需要为应用程序支持的每个操作系统平台（如 iOS 或 Android）编写预测逻辑。

❑ 所有模型都必须正确加密或做模糊处理，以确保不会被其他开发人员入侵。

本书将研究利用 SDK 和工具在移动设备本身以本地方式执行与机器学习相关的任务的详细信息。

1.4.2　流行的移动机器学习工具和 SDK

以下是将在本书中讨论的主要的机器学习 SDK。

❑ 来自 Google 的 TensorFlow Lite。

❑ 来自 Apple 的 Core ML。

❑ 来自 Facebook 的 Caffe2Go。

❑ 来自 Google 的 ML Kit。

❑ Fritz.ai。

我们将详细介绍这些 SDK，并使用这些 SDK 和不同类型的机器学习算法构建移动机器学习应用程序示例。

1.4.3　实现移动设备上机器学习应用程序所需的技能

要实现面向移动设备的机器学习应用程序，开发人员并不需要对机器学习算法、整个过程以及如何建立机器学习模型有非常深入的了解。相反，他们只需要知道如何使用 iOS 或 Android SDK 创建移动应用程序即可。此外，正如他们应该知道如何利用后端 API 调用后端业务逻辑一样，他们也需要了解从移动应用程序中调用机器学习模型并做出预测的机制，他们还需要了解将机器学习模型导入移动资源文件夹中，然后调用模型的各种功能进行预测的机制。

总而言之，图 1-8 显示了开发人员在实现面向移动设备的机器学习应用程序时应该了解的步骤。

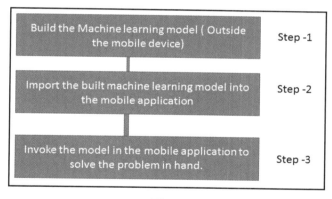

图 1-8

原　　文	译　　文
Build the Machine learning model(Outside the mobile device)	建立机器学习模型（在移动设备外部）
Import the built machine learning model into the mobile application	将构建的机器学习模型导入移动应用程序
Invoke the model in the mobile application to solve the problem in hand	在移动应用程序中调用模型以解决当前的问题
Step-1	步骤 1
Step-2	步骤 2
Step-3	步骤 3

提示：

移动设备上的机器学习实现类似于后端 API 集成。其间，可单独构建 API 并在必要时予以集成。类似地，可在设备外部单独构建模型，将其导入移动应用程序中，并在必要时予以集成。

1.5　小　　结

本章详细阐述了机器学习的概念，包括机器学习的类型、使用它们的地方以及适合使用它们的实际场景，我们还解释了什么是明确定义的机器学习问题，以及何时需要使用机器学习来获得解决方案。从定义问题到将模型部署到现场，我们详细介绍了机器学习过程以及构建机器学习模型所涉及的步骤。我们讨论了机器学习命名空间中使用的某些重要术语，这些术语都是很容易理解的。

我们还讨论了实现机器学习应用程序面临的挑战，特别是讨论了在移动设备上实现机器学习应用程序的需求以及与此相关的挑战。接着，介绍了在移动应用程序上实现机器学习的不同设计方法。我们还探讨了使用每种设计方法的好处，并指出了在决定使用不同方法在移动设备上实现机器学习时需要分析并牢记的重要考虑因素。最后，我们介绍了重要的面向移动设备的机器学习 SDK，在后续章节中还将详细介绍这些 SDK，其中包括 TensorFlow lite、Core ML、Fritz、ML Kit 以及基于云的 Google Vision 等。

第 2 章将详细讨论有关监督学习和无监督学习以及如何在移动设备上实现它的更多信息。

第 2 章　监督学习和无监督学习算法

在第 1 章中，深入介绍了机器学习的各个方面，并阐述了可以对机器学习算法进行分类的各种方式。本章将进一步研究机器学习算法，并尝试理解监督学习和无监督学习算法。这种分类是基于算法的学习机制，并且是最流行的。

在本章中将讨论以下主题。

❑　以详细的实际示例的形式介绍监督学习算法，以帮助理解它及其指导原则。

❑　主要的监督学习算法及其应用领域。

➢　朴素贝叶斯。

➢　决策树。

➢　线性回归。

➢　逻辑回归。

➢　支持向量机。

➢　随机森林。

❑　以详细的实际示例的形式介绍无监督学习算法，以帮助理解它。

❑　主要的无监督学习算法及其应用领域。

➢　聚类算法。

➢　关联规则映射。

❑　可用于在移动设备中实现这些算法的不同移动 SDK 和工具的概述。

2.1　监督学习算法简介

让我们来看一下简单日常活动的监督学习例子。一位母亲要她 15 岁的儿子去商店买些蔬菜，她预先给出了一份要购买的蔬菜清单，例如胡萝卜、甜菜根、四季豆和西红柿。儿子去商店，根据母亲提供的清单从商店中出售的众多蔬菜中挑选出自己要购买的蔬菜，然后将其放入购物车，最后结账回家，那么，这是怎么做到的呢？

很简单，母亲通过提供每种蔬菜的实例对儿子进行了充分的训练，使他对蔬菜有了足够的了解。儿子利用他所获得的知识来选择正确的蔬菜，他使用蔬菜的各种属性来获得正确的蔬菜类别标签，在这种情况下，该标签就是蔬菜的名称。表 2-1 提供了列表中存在的蔬菜的一些属性，儿子可以通过这些属性识别类别标签（即蔬菜名称）。

表 2-1　蔬菜名称和属性列表

蔬菜名称 = 类标签	胡萝卜	甜菜根	四季豆	西红柿
属性 1 = 颜色	橙色	粉色	绿色	红色
属性 2 = 形状	圆锥	圆	棒状	圆
属性 3 = 质地	硬	硬	软	柔软多汁
属性 4 = 尺寸	长度 10 厘米	半径 3 厘米	长度 10 厘米	半径 3 厘米
属性 5 = 味道	甜	甜	酸甜	酸甜

我们刚刚介绍了监督学习，现在就可以将这项活动与机器学习的关键步骤联系起来。

❑　定义机器学习问题。根据已经获得的对蔬菜不同属性的认知训练和经验，从商店中所有蔬菜类别中选择购买正确的蔬菜类别。

❑　准备/收集数据并训练模型。15 岁的儿子已经接受了所有蔬菜知识的训练，对他所见过和吃过的所有不同类型蔬菜的了解，以及对它们的属性和特征的了解，为该模型形成了问题的历史训练数据。

❑　评估模型。要求儿子从商店中购买一些蔬菜。这是提供给他测试集以评估该模型。现在，该模型的任务是根据提供的购买清单从商店中识别出蔬菜的正确类别标签。

在某些情况下，识别和购买正确的蔬菜可能会出错。例如，儿子可能会购买长豆角（顾名思义，它比四季豆要更长，也称为豇豆）而不是四季豆，这可能是由于对长豆角和四季豆之间的区别特征缺乏足够的训练。如果有这样的错误，母亲会用新的蔬菜对他进行再训练，以便下次他不会犯这种错误。

通过这个比喻示例，我们可以对监督学习的基本概念和功能形成比较清晰的理解。接下来让我们来讨论监督学习的细节。

2.2　深入研究监督学习算法

假定存在给定数据集的预测变量属性 $x_1, x_2, \cdots, x_n$，以及目标属性 y，然后，监督学习是一种机器学习任务，它是从该数据集中找到将预测变量属性和目标属性作为输入的预测函数，并且能够将预测属性映射到目标属性，即使对于当前未在训练数据集中看到的数据来说也是如此，它还将努力使误差（Error）最小。

用于获得预测函数的数据集中的数据称为训练数据（Training Data），它由一组训练示例组成，其中每个示例均由输入对象 X（通常是矢量）和所需的输出值 Y 组成。监督学习算法将分析训练数据并产生一个将输入映射到输出的推理函数，这样它也可用于映射新的、未见过的示例数据：

$$Y = f(X) + error$$

整个算法类别称为监督学习（Supervised Learning），因为在这里将考虑输入和输出变量进行学习。在这种情况下，监督学习算法就是为训练数据的所有实例提供输入和训练数据中的预期输出。

💡 提示：

监督算法既具有预测变量属性（Predictor Attribute），又具有目标函数（Objective Function）。一组数据项中的预测变量属性是被认为可以预测目标函数的那些项。目标函数是机器学习的目标，这通常会带入预测变量属性，可能还具有其他一些计算功能，并且通常会输出单个数值。

一旦我们定义了需要监督学习的适当机器学习问题，那么下一步就是选择能够解决问题的机器学习算法。这是最艰巨的任务，因为存在大量的学习算法，而从中选择最合适的学习算法对很多开发人员来说都是一件不容易的事情。

Pedro Domingos 教授提供了一个简单的参考架构（https://homes.cs.washington.edu/~pedrod/papers/cacm12.pdf），在此基础上，对于任何机器学习算法，都可以使用以下 3 个必要的关键组成部分来进行算法选择。

❑ 表示（Representation）。表示模型以便是计算机可以理解的方式，也可以将其视为模型将在其中起作用的假设空间（Hypothesis Space）。

❑ 评估（Evaluation）。对于每种算法或模型，都需要具有评估或评分函数，以确定哪种算法或模型的效果更好。每种算法的评分函数都不同。

❑ 优化（Optimization）。一种在语言中搜索模型以获得最高得分的方法。优化技术的选择是学习算法效率不可或缺的部分，如果评估函数具有多个最优值，还可以帮助确定所生成的模型。

监督学习问题可以进一步分为分类和回归问题。

❑ 分类（Classification）。当输出变量是类别（例如绿色或红色，好或坏）时，即为分类问题。

❑ 回归（Regression）。当输出变量为实数值（例如美元或重量）时，即为回归问题。

本节将通过一些易于理解的示例介绍以下监督学习算法。

❑ 朴素贝叶斯。

❑　决策树。
❑　线性回归。
❑　逻辑回归。
❑　支持向量机。
❑　随机森林。

2.2.1　朴素贝叶斯

朴素贝叶斯是一种强大的分类算法，基于贝叶斯定理（Bayes Theorem）的原理实现，它假定数据集中考虑的特征变量之间不存在依赖关系。

贝叶斯定理基于对可能与事件相关的条件的先验知识来描述事件的概率。例如，如果癌症与年龄有关，则在使用贝叶斯定理的情况下，一个人的年龄可以用来评估他患癌症的可能性，这比在不知道其年龄的情况下去评估他患癌症的可能性会更准确。

朴素贝叶斯分类器（Naive Bayes Classifier）假定类中某个特定特征的存在与任何其他特征的存在无关。例如，如果某一种蔬菜为橙色、圆锥形且长度约为 3 英寸，则可以认为它是胡萝卜。该算法之所以称为 Naive，是因为它独立地考虑了所有这些属性，从而增加了这种蔬菜是胡萝卜的可能性。一般来说，这些特征并不是独立的，但朴素贝叶斯则从预测的角度认为它们是独立的。

现在，来看一看使用朴素贝叶斯算法的实际用法。假设有若干条动态新闻，并且希望将这些动态新闻分类为文化事件（Cultural Events）和非文化事件。让我们考虑以下句子。

❑　戏剧活动顺利进行——文化事件。
❑　这场良好的公众集会吸引了大量人群——非文化事件。
❑　音乐表演很棒——文件事件。
❑　戏剧活动来了很多人——文化事件。
❑　政治辩论非常有益——非文化事件。

当使用贝叶斯定理时，要做的就是使用概率（Probability）来计算上述句子是属于文化事件还是非文化事件。

在胡萝卜示例中，具有颜色、形状和大小等特征，将所有这些特征都视为独立的，以确定所考虑的蔬菜是否为胡萝卜。

同样，要确定新闻材质是否与文化活动有关，可以先取一个句子，然后从句子中取出单词，并将每个单词视为一个独立的特征。

贝叶斯定理指出，$P(A \mid B) = P(B \mid A)P(A)/P(B)$，其中，*P(Cultural Event | Dramatic show* good) = P(Dramatic show good | Cultural Event)P(Cultural Event)/P(Dramatic show good)。

　　由于我们需要确定哪个标签在文化和非文化类别中均具有较高的概率，因此可以在此处丢弃分母。文化事件和非文化事件的分母将是整个数据集，因此是相同的。

　　P(Dramatic show good) 无法被找到，因为这句话在训练数据中不会出现，因此，以下才是朴素贝叶斯定理真正起作用的地方。

$$P(Dramatic\ show\ good) = P(Dramatic)P(show)P(good)$$

$$P(Dramatic\ show\ good|Cultural\ event) = P(Dramatic|cultural\ event)P(Show|cultural\ event)|P(good|cultural\ event)$$

　　现在可以很容易地计算出这些值，以确定新的动态新闻是文化事件新闻还是政治事件新闻的概率。

$$P(Cultural\ event) = 3/5\ (5\ 个句子里面有\ 3\ 个句子是文化事件)$$

$$P(Non\text{-}cultural\ event) = 2/5$$

$$P(Dramatic/cultural\ event)(计算在文化事件标签中\ Dramatic\ 出现的次数) = 2/13\ (在文化事件标签的总单词数中，Dramatic\ 出现了\ 2\ 次)$$

$$P(Show/cultural\ event) = 1/13$$

$$P(good/cultural\ event) = 1/13$$

 提示：

　　有多种技术可用于使文本分类的特征识别更有效，例如删除停止词（Stop Word，也称为停用词）、单词变体还原（Lemmatizing）、N-grams 和词频-逆向文件频率（Term Frequency–Inverse Document Frequency，TF-IDF）。在接下来的章节中，将介绍其中的一些内容。

　　表 2-2 是最终的计算摘要。

表 2-2　最终统计

单　　词	P(单词|文化事件)	P(单词|非文化事件)
Dramatic	2/13	0
Show	1/13	0
Good	1/13	1/13

　　现在，我们只将概率相乘，看一看哪个更大，然后将句子放入该标签类别中。

　　因此，从表 2-2 中知道该标签将属于文化事件类别，因为当各个概率相乘时，该类别的乘积更大。

　　这些示例很好地展示了朴素贝叶斯定理，该定理可以应用于以下领域。

❑   文本分类。

❑   垃圾邮件过滤。

❑   文档分类。

❑   社交媒体中的情感分析。

❑   基于类型（Genre）的新闻文章分类。

2.2.2   决策树

决策树（Decision Tree）算法可用于根据某些条件做出决策。请注意，决策树是上下颠倒的，其根在顶部。

以一个公司的数据为例，其中的特征集由某些软件产品及其属性组成——构建产品所花费的时间 T、构建产品所花费的人力 E，以及构建产品所花费的成本 C。我们需要决定这些产品究竟应该是由公司内部制造还是直接从公司外部购买。

现在，看一看如何为此创建决策树。在图 2-1 中，黑色加粗文字表示条件/内部节点（Condition/Internal Node），树将基于此条件分裂为分支/边缘（Branch/Edge）。不再分裂的分支末端称为决策/叶（Decision/Leaf）。

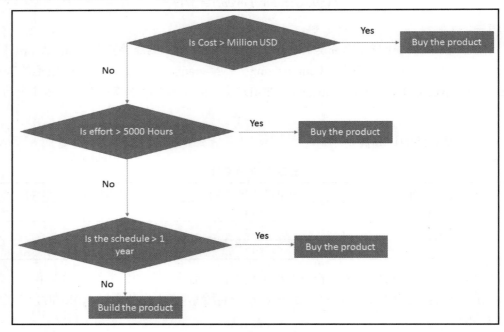

图 2-1

原　　文	译　　文
Is Cost> Million USD	成本是否大于 100 万元
Yes	是
Buy the product	直接从公司外部购买产品
No	否
Is effort>5000 Hours	工作量是否大于 5000 小时
Is the schedule>1 year	完成开发是否需要 1 年以上
Build the product	企业内部自己开发产品

决策树可用于计划管理、项目管理和风险计划。让我们看一个实际的例子，图 2-1 显示了某个企业用来决定它的哪些软件由内部开发哪些软件直接从外部购买的决策树。在做出决策之前，需要考虑各种决策点，并且以树的形式表示。成本、工作量和开发时间这 3 个特征被认为是决定从外部购买还是企业内部自己开发的决定因素。

图 2-1 中的树被称为分类树（Classification Tree），因为其目的是对要购买或制造的产品性质进行分类。回归树（Regression Tree）以相同的方式表示，只是它们将预测连续的值，例如房屋价格。一般来说，决策树算法被称为分类和回归树（Classification And Regression Trees，CART）。

决策树可应用于以下领域。

❑ 风险识别。

❑ 贷款处理。

❑ 选举结果预测。

❑ 流程优化。

❑ 可选定价。

2.2.3 线性回归

线性回归（Linear Regression）是一种统计分析方法，用于查找变量之间的关系，它有助于了解输入和输出数值变量之间的关系。

在这种方法中，确定因变量（Dependent Variable）很重要，例如，房屋的价值（因变量）将因为房屋的大小而有所不同，也就是说，房屋面积大小——这是一个自变量（Independent Variable），是决定房屋价值的重要因素之一。此外，房屋的价值也因其地理位置（这也是一个自变量）而有很大的不同。线性回归技术可用于预测。

当结果为连续变量时，将使用线性回归。图 2-2 清楚地显示了一个变量的线性回归工作原理，房子的价格将因为其大小而有所不同。

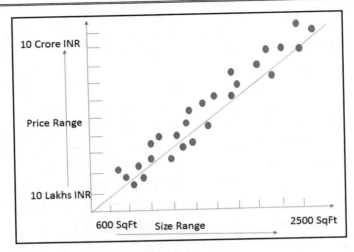

图 2-2

原　　文	译　　文	原　　文	译　　文
10 Crore INR	1 亿印度卢比	600 SqFt	600 平方米
Price Range	价格区间	Size Range	大小区间
10 Lakhs INR	1 百万印度卢比	2500 SqFt	2500 平方米

线性回归可以应用于以下领域。

❑　市场营销。

❑　定价。

❑　促销。

❑　分析消费者行为。

2.2.4　逻辑回归

逻辑回归（Logistic Regression）是一种分类算法，最适合于要预测的输出为二进制类型（真或假、男性或女性、获胜或失败等）的情况。二进制类型意味着只有两个结果是可能的。

所谓逻辑回归是因为该算法使用了 S 型函数（Sigmoid Function）。

逻辑函数或逻辑曲线是常见的 S 型（S 型曲线），由以下等式表示：

$$f(x) = \frac{L}{1 + e^{-k(x-x_0)}}$$

在上式中的符号含义如下。

- ❑　　e：自然对数底数（也称为欧拉数）。
- ❑　　x_0：S 型的中点的 x 值。
- ❑　　L：曲线的最大值。
- ❑　　k：曲线的陡度（Steepness）。

标准逻辑函数称为 S 型函数：

$$S(x) = \frac{1}{1 + e^{-x}}$$

如图 2-3 所示就是 S 型函数曲线，这确实是一条看起来像 S 的曲线。

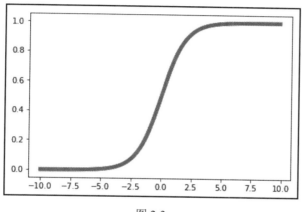

图 2-3

该曲线有以下限制。

- ❑　　x 趋向 $-\infty$ 时趋向 0。
- ❑　　x 趋向 $+\infty$ 时趋向 1。

当 $x = 0$ 时，S 型函数的输出为 0.5。

因此，如果输出大于 0.5，则可以将结果分类为 1（或 YES）；如果输出小于 0.5，则可以将其分类为 0（或 NO）。例如，如果输出为 0.65（用概率术语表示），则可以解释为今天有 65%的概率会下雨。

也就是说，S 型函数的输出不能仅用于对 YES/NO 进行分类，它也可以用来确定 YES/NO 的概率。它可以应用于以下领域。

- ❑　　图像分割与分类。
- ❑　　地理图像处理。
- ❑　　手写识别。
- ❑　　医疗保健，用于疾病预测和基因分析。

　　❑　对各个领域进行预测（只要其预计输出结果为二元形式即可）。

2.2.5　支持向量机

　　支持向量机（Support Vector Machine，SVM）是一种可监督的机器学习算法，可用于分类和回归。SVM 更常用于分类。

　　给定一些数据点，每个数据点属于两个二进制类之一，目标是确定新数据点将属于哪个类。我们需要将数据点可视化为 p 维向量，并且需要确定我们是否可以使用（$p-1$）维超平面来分离这样的两个数据点。

　　可能有许多将这些数据点分隔开的超平面（Hyperplane），该算法将帮助我们获得提供最大间隔分离的最佳超平面。该超平面称为最大余量超平面（Maximum-Margin Hyperplane），分类器称为最大余量分类器（Maximum-Margin Classifier）。我们可以扩展分离超平面的概念，以使用所谓的软边距（Soft Margin）开发几乎分离类的超平面。将最大余量分类器推广到不可分离的情况即称为支持向量分类器（Support Vector Classifier）。

　　现在来看一看图 2-4 所示的第一个例子，在这种情况下，有一个超平面将深色点和浅色点分开。

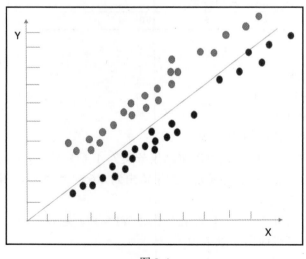

图 2-4

　　但是，不妨按如图 2-5 所示的情况想象一下这些点的分布，考虑如何识别将深色点和浅色点分开的超平面。

　　解决方案是使用 SVM 识别超平面，它可以执行转换以识别将两者分开进行分类的超平面，它将引入一个新特征 z，即 $z = x^2 + y^2$。让我们用 x 和 z 轴绘制图形，并标识用于分类的超平面，如图 2-6 所示。

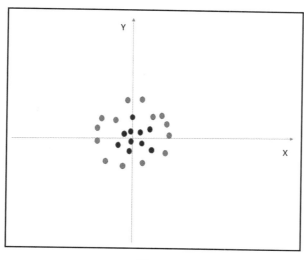

图 2-5

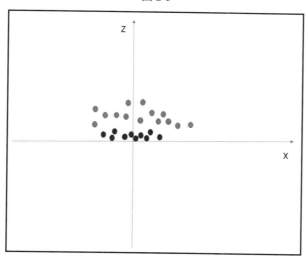

图 2-6

现在，我们已经理解了 SVM 的基础知识，即可来看一下可以应用 SVM 的领域。

❑　人脸检测。

❑　图像分类。

- ❑　生物信息学。
- ❑　地质与环境科学。
- ❑　遗传学。
- ❑　蛋白质研究。
- ❑　手写识别。

2.2.6　随机森林

前文已经介绍过决策树。在理解了决策树之后，不妨来看一下随机森林。随机森林将许多决策树组合为一个模型。就个别而言，决策树（或人类）所做的预测可能不准确，但如果能将它们组合在一起，则从平均意义来说，这些预测将更接近目标。

图 2-7 显示了一片随机森林，其中有多棵树，每棵树都在进行预测。

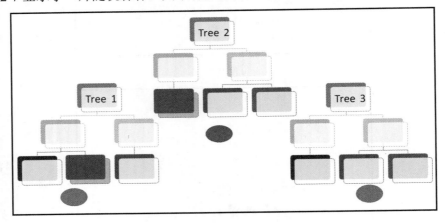

图 2-7

原　　文	译　　文
Tree 1	树 1
Tree 2	树 2
Tree 3	树 3

随机森林是许多决策树的组合，因此，存在更大的可能性，使森林中所有树木的许多视图都可以达到最终所需的结果/预测。如果仅考虑单个决策树进行预测，则用于预测的信息就会更少。但是在随机森林中，当涉及许多树木时，信息来源是多种多样的。与决策树不同，随机森林没有偏见，因为它们不依赖于一个来源。

图 2-8 演示了随机森林的概念。

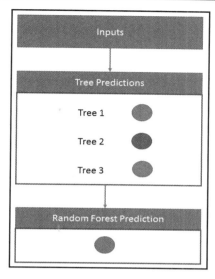

图 2-8

原　　文	译　　文	原　　文	译　　文
Inputs	输入	Tree 2	树 2
Tree Predictions	树预测	Tree 3	树 3
Tree 1	树 1	Random Forest Prediction	随机森林预测

随机森林可以应用于以下领域。

❑　风险识别。

❑　贷款处理。

❑　选举结果预测。

❑　流程优化。

❑　可选定价。

2.3　无监督学习算法简介

考虑以下情况：给孩子一个装满各种大小、颜色、形状和用各种材质制成的珠子的袋子。我们只是让孩子用整袋珠子做他们想做的事情。

根据他们的兴趣，孩子可以做很多事情。

❑　根据大小将珠子分类。

❑　根据形状将珠子分类。

❑　根据颜色和形状的组合将珠子分类。

❑　根据材质、颜色和形状的组合将珠子分类。

这种可能性是无止境的，但是，没有任何先验知识的孩子能够遍历所有珠子，并发现任何模式（并且根本不需要任何先验知识）。他们纯粹是通过遍历手边的珠子（即手头的数据）来发现模式的，这就是典型的无监督机器学习例子。

我们可以将上述活动与机器学习的关键步骤联系起来。

（1）定义机器学习问题。从给定的珠子袋中发现珠子的隐藏模式。

（2）准备/收集数据并训练模型。孩子打开一袋珠子，了解袋子里装的东西，他们发现珠子存在不同的属性。

❑　颜色。

❑　形状。

❑　大小。

❑　材质。

（3）评估模型。如果给孩子提供了一组新的珠子，那么他们将如何根据以前对珠子进行聚类（Cluster）的经验来对这些珠子进行聚类？

将珠子分组时可能会出现错误，需要校正/修改，以免将来再次出现。

以上就是介绍的无监督机器学习问题的基本概念和函数，接下来将深入研究无监督学习的细节。

2.4　深入研究无监督学习算法

无监督机器学习可以处理学习无标签的数据（即尚未分类的数据），并得出与之相关的结论/模式。

这些类别从无标签或尚未分类的测试数据中学习。无监督学习并不是采用响应反馈的方法，而是可以识别数据中的共性，并根据每个新数据中是否存在此类共性来做出反应。

由于提供给学习算法的输入是未标记的，因此，并没有直接的方法来评估该算法的输出的正确率。这是区分无监督学习和有监督学习的一项特征。

💡 提示：

无监督学习算法具有预测变量属性，但没有目标函数。

没有目标就进行学习意味着什么？可考虑以下方面。

❑　探索数据以进行自然分组。

❑　学习关联规则，然后检查它们是否有任何用处。

以下是一些经典示例。

❑　执行市场篮子分析，然后优化货架分配和放置。

❑　级联或相关的机械故障。

❑　已知类别以外的人口统计分组。

❑　计划产品捆绑销售。

本节将通过一些易于理解的示例来介绍以下无监督学习算法。

❑　聚类算法。

❑　关联规则映射。

ⓘ 注意：

如果你想深入研究这些概念，也可能会对主成分分析（Principal Component Analysis，PCA）和奇异值分解（Singlular Value Decomposition，SVD）感兴趣。

2.4.1　聚类算法

聚类算法可以将数据聚类为有用的组。聚类的目标是创建数据点的组，以使不同聚类中的点不相似，而聚类中的点则是相似的。

聚类算法的工作有以下两个基本要素。

❑　相似度函数（Similarity Function）。这决定了如何确定两个点相似。

❑　聚类方法（Clustering Method）。这是为了完成聚类而观察到的方法。

我们需要一种机制来确定点之间的相似性，在此基础上可以将它们归类为相似或不相似。目前有各种相似性度量方法，举例如下。

❑　欧几里得相似度（Euclidean Similarity）：

$$sim_{euclid}\left(\vec{d}_i,\vec{d}_j\right)=\left[\sqrt{\sum_{k=1,n}\left(d_{i,k}^2-d_{j,k}^2\right)}\right]^{-1}$$

❑　余弦相似度（Cosine Similarity）：

$$sim_{\cos}\left(\vec{q},\vec{d}_i\right)=\frac{\vec{q}\cdot\vec{d}_i}{\left|\vec{q}\right|_2\times\left|\vec{d}_i\right|_2}$$

❑　KL 散度（KL-Divergence）：

$$D\left(\vec{p}\|\vec{q}\right)\overset{def}{=}\sum_i p_i\log\frac{p_i}{q_i}=\sum_i p_i\log p_i-\sum_i p_i\log q_i$$
$$=-H\left(\vec{p}\right)+H\left(\vec{p},\vec{q}\right)$$

　　一旦知道了相似性度量的结果，接下来就需要选择聚类方法。下面将详细介绍以下两种聚类方法。

❑　　层次聚集聚类方法。

❑　　K-均值聚类算法。

1．层次聚集聚类方法

　　聚集式层次聚类（Agglomerative Hierarchical Clustering）是统计领域的经典聚类算法。它涉及两个最相似的组的迭代合并，它们的第一步将包含单个元素。该算法的名称指的是它的工作方式，因为它以聚集或自下而上的方式（即通过将较小的组合并为较大的组）创建层次结构结果。

　　以下是在文档聚类中使用的这种聚类方法的高级算法。

　　（1）通用的聚集过程，通过迭代产生嵌套的聚类。参见 Salton, G 著：*Automatic Text Processing: The Transformation, Analysis, and Retrieval of Information by Computer*（《自动文本处理：计算机的信息转换、分析和检索》），Addison-Wesley 1989 年出版社。

　　（2）计算所有成对的文档和文档之间的相似性系数。

　　（3）将 n 个文档中的每一个文档放入其自己的类中。

　　（4）将两个最相似的聚类合并为一个。

❑　　用新的聚类替换两个聚类。

❑　　重新计算关于新聚类的聚类间的相似性评分。

❑　　如果聚类半径大于最大值，则阻止进一步合并。

　　（5）重复上一步，直到只剩下 k 个聚类。（注意：k 可以等于 1）

2．K-均值聚类算法

　　K-均值聚类算法（K-means Clustering）的目标是在数据中找到 K 个组，每个组具有相似的数据点。该算法可以根据提供的特征以迭代方式将每个数据点分配给 K 个组之一。数据点基于特征相似性进行聚类。

　　在算法开始时，将随机分配 K 值，并且可以通过更改 K 值获得不同的结果变化，一旦选择了 K 后就开始了算法的活动序列。我们发现有两个主要步骤会不断重复，直到聚类中没有进一步的变化范围为止。

　　重复执行的两个主要步骤是步骤 2 和步骤 3，如下所示。

❑　　步骤 2：将数据集中的数据点分配给 K 个聚类中的任何一个。这是通过计算数据点与聚类形心（Centroid）的距离来完成的。按照规定，我们已经讨论的任何距离函数都可以用于此计算。

❑　　步骤 3：再次在此处进行形心的重新校准。通过获取分配给该形心聚类的所有数据点的平均值来完成此操作。

该算法的最终输出是具有相似数据点的 K 个聚类。

（1）选择 k-seeds $d(k_i, k_j) > d_{min}$。

（2）根据最小距离将点分配给聚类：

$$Cluster(p_i) = Argmin(d(p_i, s_j))$$

$$s_j \in s_1, \ldots, s_k$$

（3）计算新的聚类形心：

$$\vec{c_j} = \frac{1}{n} \sum_{p_i \in j^{th} cluster}$$

（4）将点重新分配给聚类（如步骤 2 所示）。

（5）迭代直到没有点更改群集。

以下是一些可以应用聚类算法的领域。

❑　城市规划。

❑　地震研究。

❑　保险。

❑　营销。

❑　医学，用于抗菌活性分析和医学成像。

❑　犯罪分析。

❑　机器人，用于异常检测和自然语言处理。

2.4.2　关联规则学习算法

关联规则（Association Rule）挖掘对于分类非数字数据更有用。关联规则挖掘主要集中于在一组项目中查找频繁的同现关联（Co-Occurring Association），有时也称为市场购物篮子分析（Market-Basket Analysis）。

在对购物者的购物篮的分析中，其目标是确定哪些商品经常一起出现。这表明很难从随机采样方法中找到相关关系。典型的例子是著名的啤酒和尿布关联，它在数据挖掘书籍中经常提到。情况是这样的：去商店买尿布的男人也倾向于买啤酒。这种情况很难通过随机抽样来了解或确定。

沃尔玛在 2004 年发现了另一个例子，当时一系列飓风横扫佛罗里达。沃尔玛想知道在飓风来袭之前购物者通常会购买什么。他们发现一种特殊的商品在正常购物日内的销售额增长了 7 倍。该商品不是瓶装水、电池、啤酒、手电筒、发电机或我们想象中的任何普通商品，而是草莓塔塔饼！在飓风到来之前，为什么这才是民众最想要的产品呢？

原因可能有多种，草莓果塔饼不需要冷藏，不需要煮熟，可以单独包装，它们保质期长，既可以是休闲食品，也可以是早餐食品，大人和孩子都喜欢，诸如此类，不一而足。

尽管有这些明显的原因，但这仍然是一个巨大的惊喜！

在挖掘关联时，以下思路可能会有用。

❑　搜索非数字项的罕见和异常同现关联。

❑　如果数据是基于时间的数据，请考虑在数据挖掘实验中引入时间滞后的效果，以查看该相关性的强度是否在以后的时间达到峰值。

市场购物篮子分析可以应用于以下领域。

❑　零售管理。

❑　店铺管理。

❑　库存管理。

❑　美国国家航空航天局（NASA）和环境研究。

❑　医学诊断。

2.5　小　　结

本章通过一个简单的示例介绍了监督学习的概念，并深入研究了监督学习算法。我们通过实际示例讨论了各种监督学习算法，并指出了它们的应用领域，然后又从简单示例开始介绍了无监督学习。我们阐释了无监督学习的概念，并通过实际示例介绍了各种无监督学习算法，并分别指出了其应用领域。

在后续章节中，将通过使用本章介绍的一些监督机器学习和非监督机器学习算法来解决移动设备上机器学习的问题。本书还将介绍移动机器学习 SDK，并通过这些 SDK 实现移动机器学习解决方案。

2.6　参　考　文　献

Pedro Domingo 博士的论文总结了机器学习研究人员和从业人员需要学习的 12 堂关键课程，包括应避免的陷阱、应重点关注的重要问题，以及该领域常见问题的解答等，其网址如下：

https://homes.cs.washington.edu/~pedrod/papers/cacm12.pdf

第 3 章　iOS 上的随机森林

本章将详细介绍随机森林算法。我们将首先了解决策树算法，在掌握了它之后，即可尝试理解随机森林算法。然后，我们将使用 Core ML 创建一个机器学习程序，该程序利用随机森林算法并根据一组给定的乳腺癌患者数据预测患者被诊断出患有乳腺癌的可能性。

正如在第 1 章 "面向移动设备的机器学习应用程序" 中所看到的那样，任何机器学习程序都有 4 个阶段：定义机器学习问题、准备数据、构建/重建/测试模型，以及部署模型以供使用。本章会尝试将它们与随机森林算法相关联，并解决底层的机器学习问题。

问题定义（Problem Definition）：给定某些患者的乳腺癌数据，我们希望针对新数据项预测诊断乳腺癌的可能性。

本章将讨论以下主题。

❑　理解决策树算法以及如何应用它们以解决一个机器学习问题。

❑　通过示例数据集和 Excel 理解决策树。

❑　理解随机森林。

❑　在 Core ML 中使用随机森林解决问题。

➢　技术要求。

➢　使用 scikit-learn 和 pandas 库创建模型文件。

➢　测试模型。

➢　将 scikit-learn 模型导入 Core ML 项目。

➢　编写 iOS 移动应用程序并在其中使用 scikit-learn 模型执行乳腺癌预测。

3.1　算　法　简　介

本节将研究决策树算法。我们将通过一个例子来理解该算法，一旦熟悉了该算法，则可以尝试通过一个例子来理解随机森林算法。

3.1.1　决策树

要理解随机森林模型，必须首先了解决策树，因为它是随机森林的基本构建块。即使你此前对"决策树"一无所知,但是,在日常生活中,我们经常会不自觉地使用到决策树。在看完本示例之后,你将能够很好地理解决策树的概念。

假设你需要向银行贷款,银行在批准贷款之前会先进行审核,查看你是否符合一系列资格标准。对于每个客户,银行提供的贷款额将根据客户满足的不同资格标准而有所不同。

他们可能会按各种不同的决策点向前,以便做出最终决定,以决定是否可以提供贷款和(如果决定可以贷款的话)允许提供的贷款总额。这些决策点可能包括以下内容。

❑　收入来源:有固定工作还是自由职业者?

❑　如果有固定工作,工作职位:私营部门还是政府部门?

❑　如果是私营部门,工资范围:低、中还是高?

❑　如果是政府部门,工资范围:低、中还是高?

可能还有其他问题,例如你在该公司工作了多长时间,或者你是否有未偿还的贷款。最基本的形式是一个如图 3-1 所示的决策树。

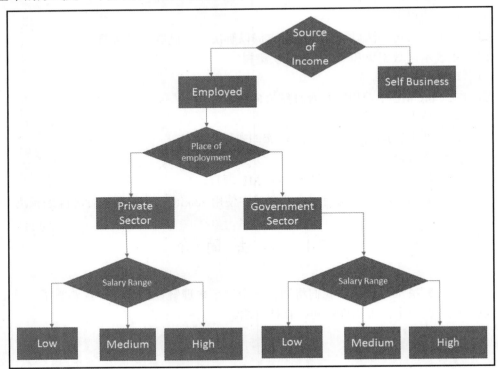

图 3-1

原　　文	译　　文	原　　文	译　　文
Source of Income	收入来源	Government Sector	政府部门
Employed	固定工作	Salary Range	工资范围
Self Business	自由职业者	Low	低
Place of employment	工作职位	Medium	中
Private Sector	私营部门	High	高

如图 3-1 所示，决策树是用于分类问题的，它是广泛使用的非参数式高效的机器学习建模技术。为了找到解决方案，决策树将根据预测变量数据对结果进行顺序、分层的决策。

对于任何给定的数据项，都会提出一系列问题，这将导致一个类标签或一个值。该模型会询问传入数据项的一系列预定义问题，并基于这些答案，分支到该系列并继续进行，直到到达结果数据值或类标签为止。该模型是基于观察到的数据构建的，没有对误差分布或数据本身的分布进行任何假设。

在目标变量使用离散值集的决策树模型中，这称为分类树（Classification Tree）。在这些树中，每个节点或叶子代表类标签，而分支代表通向类标签的要素。

目标变量采用连续值（通常是数字）的决策树称为回归树（Regression Tree）。

使用有向无环图（Directed Acyclic Graphs，DAG）可以很好地表示这些决策树。在这些图中，节点表示决策点，边是节点之间的连接。在上面的贷款场景中，$30000～$70000 的工资范围是边，而中间的值则是节点。

1. 决策树算法的优点

决策树的目标是为给定问题找到最佳选择。最后的叶子节点应该是解决当前问题的最佳选择。该算法表现贪婪，并在做出的每个决策中尝试达到最佳选择。

整个问题分为多个子问题，每个子问题都可以分支到其他子问题。到达的子集将基于某个参数，这个参数称为纯度（Purity）。当所有决策将导致数据属于同一类时，则称该节点为 100%纯。如果有可能将其子集划分为类别时，则将是 100%不纯。该算法的目标是使树中的每个节点达到 100%的纯度。

节点的纯度是使用基尼不纯度（Gini Impurity）进行测量的，而基尼不纯度则是有助于拆分决策树节点的标准度量。

决策树中将使用的另一个度量标准是信息增益（Information Gain），它将用于确定在树的每个步骤中应该使用数据集的哪些特征进行拆分。信息增益是将数据集按属性拆分后降低熵（随机性）。构造决策树就是要寻找返回最高信息增益（即最同质的分支）的属性，这意味着寻找所有属于同一子集或类的数据。

2．决策树的缺点

仅当所有数据点都可以归入单个类/类别时，模型才会停止。因此，对于复杂的问题，它可能无法很好地概括，并且存在偏见的可能性很高。

通过定义树的最大深度或通过指定在树中进一步拆分节点所需的最小数据点数，可以解决这些问题。

3．决策树的优点

以下是列出的优点。

- ❏ 易于理解和可视化。
- ❏ 易于构建，可以处理定性和定量数据。
- ❏ 易于验证。
- ❏ 从计算上说，它并不是很昂贵。

💡 提示：
总结一下决策树模型可以得出结论，它基本上是导致预测的问题的流程图。

3.1.2 随机森林

现在，让我们从单个决策树转移至随机森林算法。如果你想猜测下一任美国总统将是谁，那么应该如何预测这一点呢？让我们看一看为预测这一点将要提出的各种问题。

- ❏ 有几位候选人？他们分别是谁？
- ❏ 现任总统是谁？
- ❏ 他们各自的表现如何？
- ❏ 他们属于哪一党？
- ❏ 目前有任何反对该党的运动吗？
- ❏ 政党在多少个州中有获胜的可能性？
- ❏ 候选人中有现任总统吗？
- ❏ 主要的投票问题是什么？

我们会想到很多这样的问题，我们将赋予它们不同的权重/重要性。

每个人对上述问题的预测可能会有所不同。有太多因素需要考虑，而且每个人的猜测可能会有所不同。每个人都有不同的背景和知识水平来回答这些问题，并且对问题的理解可能有所不同。

因此，对于上述问题的答案有很大的差异。如果分别采用不同个体给出的所有预测，然后将它们平均化，它将变成一个随机森林。

随机森林将许多决策树组合为一个模型。个别而言，决策树（或人类）做出的预测可能不准确，但是如果将这些预测组合起来，则从平均意义上来说，它们将更接近目标。

图 3-2 可以帮助我们理解使用随机森林算法的投票预测。

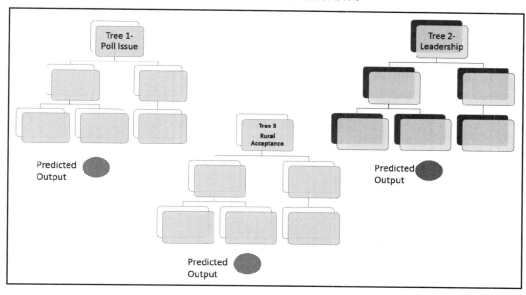

图 3-2

原　文	译　文
Tree 1-Poll Issue	Tree 1-投票问题
Predicted Output	预测的输出
Tree2-Leadership	Tree 2-领导力
Tree3 Rural Acceptance	Tree 3-亲民程度

图 3-3 给出了图 3-2 的流程图。

现在来看一看为什么随机森林比决策树更好。

❑　随机森林是许多决策树的组合，因此，综合很多观点进行最终预测并获得正确结果的可能性更大。

❑　如果仅考虑单个决策树进行预测，则用于预测的信息就会少很多。但是，在一个随机的森林中，当涉及许多树木时，就会有更多的信息，而且信息也更加多样化。

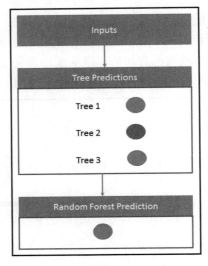

图 3-3

原　　文	译　　文	原　　文	译　　文
Inputs	输入	Tree 2	树 2
Tree Predictions	树的预测	Tree 3	树 3
Tree 1	树 1	Random Forest Prediction	随机森林预测

❑　随机森林可能不会像决策树那样带有偏见，因为它不依赖于单个来源。

为什么叫随机森林？就像人们可能依赖不同的来源进行预测一样，森林中的每个决策树在形成问题时都会考虑特征的随机子集，并且只能访问随机的一组训练数据点。这增加了森林中的多样性，从而产生更可靠的整体预测，因此也叫"随机森林"。

3.2　在 Core ML 中使用随机森林解决问题

本节将尝试通过带有特定数据集的详细示例来理解随机森林。我们将使用相同的数据集来构建 iOS Core ML 示例。

3.2.1　数据集

我们将使用乳腺癌数据集解决随机森林问题，其特征可以从乳腺肿块的细针穿刺抽吸（Fine Needle Aspirate，FNA）的数字化图像中计算，它们描述了图像中存在的细胞核的特征。该数据集可以在以下网址找到：

https://archive.ics.uci.edu/ml/datasets/Breast+Cancer+Wisconsin+ (Diagnostic)

我们将使用乳腺癌数据集，以下内容包含该数据集中使用的各种数据。

❑　身份证号。

❑　诊断（M=恶性，B=良性）。

❑　为每个细胞核计算 10 个实值特征。

➢　半径（从中心到外围点的距离的平均值）。

➢　纹理（灰度值的标准偏差）。

➢　周长（Perimeter）。

➢　面积（Area）。

➢　平滑度（半径长度的局部变化）。

➢　致密度（Perimeter^2 /Area -1.0）。

➢　凹度（轮廓凹部的严重程度）。

➢　凹点（轮廓凹部的数量）。

➢　对称。

➢　分形维数（海岸线近似-1）。

我们将通过 Excel 使用随机森林，并应用乳腺癌数据集，以详细理解随机森林算法。为了分析的目的，我们将仅考虑来自乳腺癌数据集的 569 个样本数据中的数据元素。

3.2.2　技术要求

需要在开发人员机器上安装以下软件。

❑　Python。

❑　macOS 环境中的 Xcode。

本章的练习程序可以在以下 GitHub 存储库的 Chapter03 文件夹中找到。

https://github.com/PacktPublishing/Machine-Learning-for-Mobile

首先可以输入以下命令来安装 Python 软件包。

```
pip install pandas
pip install -U scikit-learn
pip install -U pandas
```

然后，发出命令以安装 coremltools。

```
pip install -U coremltools
```

3.2.3　使用 scikit-learn 创建模型文件

本节将详细阐释如何使用 scikit-learn 创建随机森林模型文件，并将其转换为与 Core ML 兼容的.mlmodel 文件。我们将使用乳腺癌数据集来创建模型。以下是一个 Python 程序，该程序使用 scikit-learn 和乳腺癌数据集创建了一个简单的随机森林模型。然后，Core ML 工具将其转换为与 Core ML 兼容的模型文件。现在来详细了解一下该程序。

首先，需要导入所需的软件包。

```
# 导入所需的软件包
 import numpy as np
```

NumPy 是使用 Python 进行科学计算的基本软件包，它包含一个功能强大的 n 维数组对象。此 numpy 数组将在此程序中用于存储数据集，该数据集具有 14 个维度。

```
import pandas as pd
 from pandas.core import series
```

在这里使用的是 pandas（https://pandas.pydata.org/pandas-docs/stable/10min.html），它是一款开源软件，BSD 许可的库，可以提供高性能、易于使用的数据结构，也是可用于 Python 编程语言的数据分析工具。使用 pandas，可以创建一个数据帧（DataFrame）。可以假设 pandas 数据帧是一个 Excel 工作表，其中每个工作表都有标题和数据。

现在，让我们继续理解为解决眼前的机器学习问题而编写的程序。

```
from sklearn.ensemble import RandomForestClassifier

from sklearn.metrics import accuracy_score
import sklearn.datasets as dsimport sklearn.datasets as ds
```

上面的代码行可以导入 sklearn 软件包。现在，将在 sklearn 软件包中导入内置数据集。

```
dataset = ds.load_breast_cancer()
```

上一行可从 sklearn 数据集包中加载乳腺癌数据集：

```
cancerdata = pd.DataFrame(dataset.data)
```

这将通过数据集中存在的数据创建一个数据帧。假设数据集是一个具有行和列且带有列标题的 Excel 工作表。

```
cancerdata.columns = dataset.feature_names
```

以下代码段可以将列标题添加到数据集中的列。

```
for i in range(0,len(dataset.feature_names)):
if ['mean concave points', 'mean area', 'mean radius', 'mean perimeter',
'mean concavity'].\
__contains__(dataset.feature_names[i]):
continue
else:
cancerdata = cancerdata.drop(dataset.feature_names[i], axis=1)
```

上面的代码行将删除除以下内容以外的所有列。

❑　平均凹点（Mean Concave Points）。

❑　平均面积（Mean Area）。

❑　平均半径（Mean Radius）。

❑　平均周长（Mean Perimeter）。

❑　平均凹度（Mean Concavity）。

为了减少数据集中要素列的数量，删除了一些对模型影响较小的列。

```
cancerdata.to_csv("myfile.csv")
```

上面的代码行会将数据保存到 CSV 文件，你可以将其打开并在 Excel 中查看以找出数据集中存在的内容。

```
cancer_types = dataset.target_names
```

在 Excel 数据集中，当检查它时，即可知道诊断将包括值为 0 或 1，其中 0 为恶性，1 为良性。要将这些数字值更改为实际名称，可以编写以下代码。

```
cancer_names = []
// 使用 name[string] 格式获取所有相应的癌症类型
for i in range(len(dataset.target)):
cancer_names.append(cancer_types[dataset.target[i]])
x_train, x_test, y_train, y_test =
sklearn.model_selection.train_test_split(cancerdata,cancer_names,
test_size = 0.3, random_state = 5)
```

上述代码会将数据集分为两部分，一部分用于训练，一部分用于测试，并将其保存在为此目的定义的相应变量中。

```
classifier = RandomForestClassifier()
```

上述代码将创建一个分类器。

```
classifier.fit(x_train, y_train)
```

此代码将提供训练数据并训练模型：

```
// 使用测试数据测试模型
print(classifier.predict(x_test))
```

上述代码将打印测试数据的预测癌症类型到控制台，其结果如图 3-4 所示。

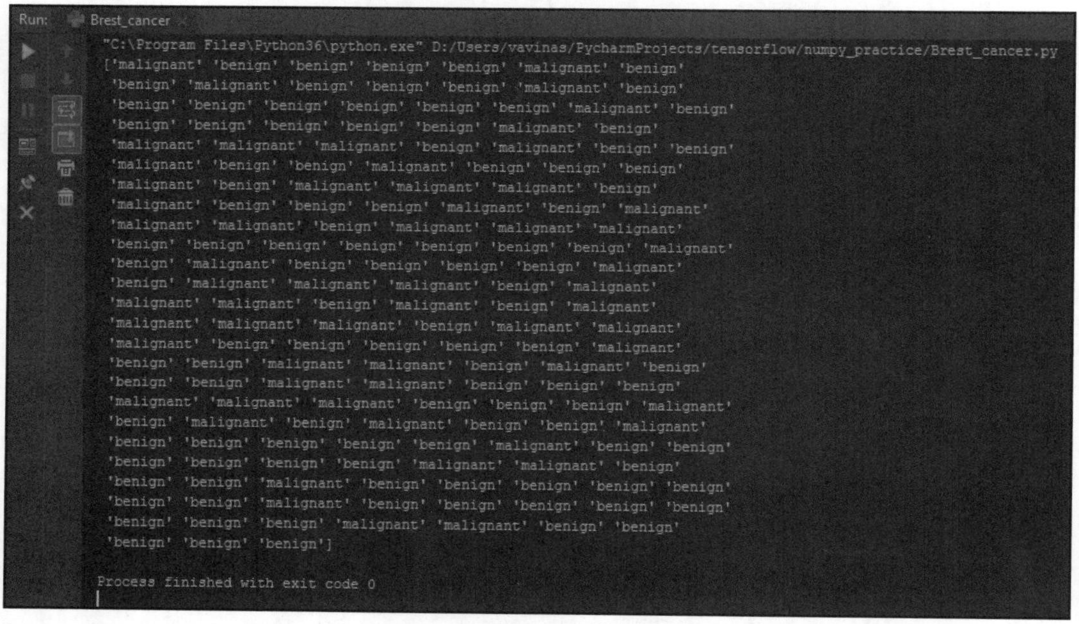

图 3-4

3.2.4　将 scikit 模型转换为 Core ML 模型

让我们用一个例子来说明：假设有一个来自法国的游客，他只会说法语和英语。想象一下他进入了酒店的餐厅，服务生在这里为他提供了用中文编写的菜单。现在，他会怎么做？我猜他可能会请求服务员或其他用餐者向他解释菜单中的菜品，或者也可以很简单地使用"谷歌翻译"软件扫描菜单中的图像。

我们的观点是他只需要一个翻译软件就可以。同样，为了使 iOS 移动应用程序能够理解 scikit 模型，需要一个能将其转换为 Core ML 格式的转换器。

这就是以下代码的全部工作，它可以将 scikit-learn 格式转换为 Core ML 格式。

```
// 将适用的模型转换为 Core ML 模型文件

model = coremltools.converters.sklearn.convert(classifier,
input_features=list(cancerdata.columns.values),
output_feature_names='typeofcancer')

model.save("cancermodel.mlmodel")
```

要让上述代码能够正常工作，必须使用 pip 安装 coremltools，然后在顶部编写以下代码以将其导入。

```
import coremltools
```

运行该程序后，将在磁盘中获得一个名为 Cancermodel.mlmodel 的模型文件，在 iOS 项目中可以使用该模型进行推理。

3.2.5　使用 Core ML 模型创建 iOS 移动应用程序

在本小节中将创建一个使用 Core ML 的 iOS 项目，为此将需要 Xcode（它必须为 9+ 版本）。

首先打开 Xcode，使用故事板（Storyboard）创建一个空的 swift 应用程序。在项目列表中可以看到主故事板的名称为 Main.storyboard。将生成的模型文件添加到项目中，将产生如图 3-5 所示的项目结构。

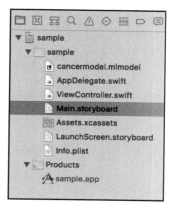

图 3-5

现在可以在主故事板文件中创建如图 3-6 所示的用户界面（UI）。

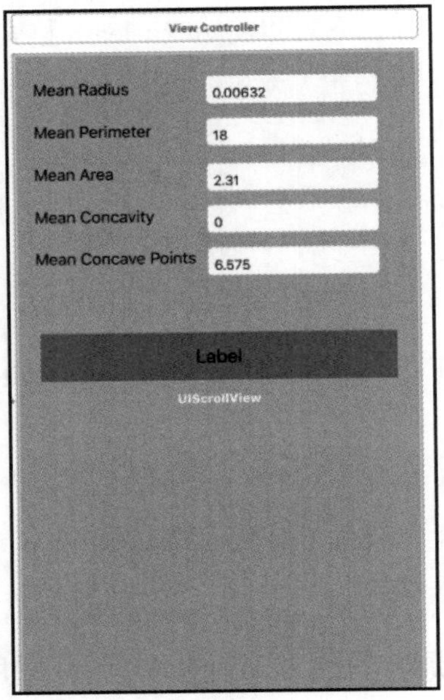

图 3-6

为每个文本字段创建 Outlet，并将事件侦听器添加到每个 Outlet 和文本字段，视图控制器代码如下所示。

```
import UIKit
import Core ML
class ViewController: UIViewController {
    let model = cancermodel()
    @IBOutlet weak var meanradius: UITextField!
    @IBOutlet weak var cancertype: UILabel!
    @IBOutlet weak var meanperimeter: UITextField!
    @IBOutlet weak var meanarea: UITextField!
    @IBOutlet weak var meanconcavity: UITextField!
    @IBOutlet weak var meanconcavepoints: UITextField!
    override func didReceiveMemoryWarning() {
        super.didReceiveMemoryWarning()
        // 处置所有可以重新创建的资源
    }
    override func viewDidLoad() {
        super.viewDidLoad();
        updated(meanconcavepoints);
        // 该行是要引发癌症类型的初步更新
    }
```

```
    /*
此方法会将输入数据发送到生成的模型类,并将返回的结果显示在标签上
*/

    @IBAction func updated(_ sender: Any) {
        guard let modeloutput = try? model.prediction(mean_radius:
        Double(meanradius.text!)!, mean_perimeter:
        Double(meanperimeter.text!)!, mean_area: Double(meanarea.text!)!,
        mean_concavity: Double(meanconcavity.text!)!, mean_concave_points:
        Double(meanconcavepoints.text!)!) else {
            fatalError("unexpected runtime error")
        }
        cancertype.text = modeloutput.typeofcancer;
    }
}
```

读者可以在本书的 **GitHub** 存储库中找到相同的代码。

TIP 提示:

如果读者在构建该程序时遇到任何问题,例如签名或证书问题,可以自行通过搜索解决或给我们写信。

一旦在 Xcode 中设置了项目,就可以在模拟器中运行它,其结果如图 3-7 所示。

图 3-7

3.3　小　　结

　　本章深入讨论了决策树和随机森林，以及它们之间的区别。我们还通过样本数据集和 Excel 探索了决策树，并对其使用了随机森林算法以建立预测。我们使用了 Core ML 编写 iOS 程序，然后应用 scikit-learn 创建模型，并使用 Core ML 工具将 scikit 模型转换为 Core ML 模型。

　　第 4 章将详细介绍 TensorFlow 及其在 Android 中的使用。

3.4　深　入　阅　读

　　开发人员可以通过访问 Core ML 的官方网站来进一步了解 Core ML 及其提供的服务，其网址如下：

https://developer.apple.com/documentation/coreml

第 4 章　在 Android 中使用 TensorFlow

在第 2 章中，重点研究了有监督的学习和无监督的学习，并阐述了不同类型的学习算法。本章将详细介绍 TensorFlow 移动版（TensorFlow for mobile），并使用 TensorFlow for mobile 进行了示例程序实现。在第 9 章"移动设备上的神经网络"中，将使用它来实现分类算法。但是在此之前，需要了解 TensorFlow for mobile 的工作原理，并能够使用它来编写示例，然后才能使用它实现机器学习算法。本章的目的是介绍 TensorFlow、TensorFlow Lite、TensorFlow for mobile 及其工作方式，并尝试在 Android 中使用 TensorFlow for mobile 的实际示例。

本章将讨论以下主题。
- ❑　TensorFlow、TensorFlow Lite 和 TensorFlow for mobile 简介。
- ❑　TensorFlow for mobile 的组件。
- ❑　移动机器学习应用程序的体系结构。
- ❑　在 Android 中使用 TensorFlow for mobile 构建示例程序。

在本章结束时，将知道如何在 Android 中使用 TensorFlow for mobile 构建应用程序，以便为第 9 章"移动设备上的神经网络"使用它来实现分类算法打下基础。

4.1　关于 TensorFlow

TensorFlow 是由 Google 开发的用于实现机器学习的工具，于 2015 年开源。该产品可安装在台式机上，可用于创建机器学习模型。一旦在桌面上构建并训练了模型，开发人员便可以将这些模型转移到移动设备上，并将它们集成到 iOS 和 Android 移动应用程序中，以使用它们预测移动应用程序中的结果。目前有两种 TensorFlow 可用于在移动和嵌入式设备上实现机器学习解决方案。
- ❑　移动设备：TensorFlow for Mobile。
- ❑　移动和嵌入式设备：TensorFlow Lite。

表 4-1 列出了 TensorFlow for mobile 和 TensorFlow Lite 之间的主要区别。

表 4-1　TensorFlow for mobile 和 TensorFlow Lite 之间的主要区别

TensorFlow for mobile	TensorFlow Lite
设计用于更大的设备	设计用于非常小的设备
程序已针对移动设备进行了优化	程序实际上非常小巧，针对移动和嵌入式设备进行了优化，具有最小的依赖性和增强的性能
支持跨 Android、iOS 和 Raspberry Pi 在 CPU、GPU 和 TPU 中进行部署	支持硬件加速，可以在 iOS、Android 和 Raspberry Pi 上进行部署
建议用于移动设备中的生产部署	仍处于 Beta 测试阶段，并且正在进行改进
提供更广泛的运算符和机器学习模型支持	支持有限的运算符，并且不是所有的机器学习模型都能够支持

本节将详细介绍 TensorFlow Lite 的总体架构、关键组件及其功能。

图 4-1 提供了关键组件的高级概述，以及它们将机器学习带入移动设备的交互方式。

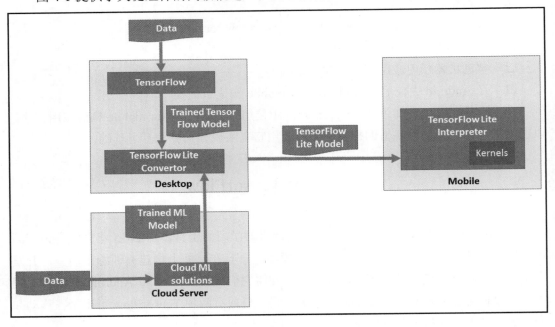

图 4-1

原　　文	译　　文
Data	数据
Trained TensorFlow Model	经过训练的 TensorFlow 模型

续表

原　文	译　文
TensorFlow Lite Convertor	TensorFlow Lite 转换器
Desktop	台式机
Trained ML Model	经过训练的机器学习模型
Cloud ML solutions	云机器学习解决方案
Cloud Server	云服务器
TensorFlow Lite Model	TensorFlow Lite 模型
TensorFlow Lite Interpreter	TensorFlow Lite 解释器
Kernels	内核
Mobile	移动设备

以下是在设备上实现机器学习时应遵循的关键步骤。

（1）使用 TensorFlow 或任何其他机器学习框架在台式机上创建经过训练的 TensorFlow/机器学习模型，也可以使用任何云机器学习引擎创建的经过训练的模型。

（2）使用 TensorFlow Lite 转换器（Convertor）组件将经过训练的机器学习模型转换为 TensorFlow Lite 模型文件。

（3）使用这些文件编写一个移动应用程序，并将其转换为一个包，以在移动设备中进行部署和执行。这些 Lite 文件可以直接在内核（Kernel）或硬件加速器（如果设备中可用的话）中解释和执行。

以下是 TensorFlow Lite 的关键组件。

❑　模型文件格式。

❑　解释器（Interpreter）。

❑　运算/内核。

❑　硬件加速接口。

1．模型文件格式

以下是模型文件格式的知识要点。

❑　它是轻量级的，几乎没有软件依赖性。

❑　它支持量化。

　　此格式基于 FlatBuffer，因此提高了执行速度。FlatBuffer 是 Google 的开源项目，最初是为视频游戏设计的。

❑　FlatBuffer 是一个跨平台的序列化库，类似于协议缓冲区。

❑　此格式的内存使用效率更高，因为它不需要解析/解包步骤即可在数据访问之前执行辅助表示。没有汇集（Marshaling）和解读（Unmarshaling）处理步骤，因此使用的代码更少。

2．解释器

以下是解释器的知识要点。

❑ 它是针对移动设备优化的解释器。

❑ 它有助于保持移动应用程序的精简和速度。

❑ 它使用静态图排序和自定义（动态程度较低）的内存分配器来确保最小的负载、初始化和执行延迟。

❑ 解释器具有静态内存计划和静态执行计划。

3．运算/内核

这是一组核心运算符，包括量化运算符和浮点运算符，其中许多已经针对移动平台进行了调整，这些运算符可用于创建和运行自定义模型。开发人员还可以编写自定义运算符，并在模型中使用它们。

4．硬件加速接口

TensorFlow Lite 具有与硬件加速器的接口，在 Android 中，它是通过 Android Neural Network API 进行的，而在 iOS 中，则是通过 CoreML 进行的。

以下是保证可与 TensorFlow Lite 一起使用的预测试模型。

❑ Inception V3：一种流行的模型，用于检测图像中存在的主要对象。

❑ MobileNets：可用于分类、检测和细分的计算机视觉模型。与 Inception V3 相比，MobileNet 模型较小，但准确性较低。

❑ 设备上（On-Device）智能回复：一种设备上模型，通过建议上下文相关消息，为传入的文本消息提供一键式回复。

4.2　移动机器学习应用程序的体系结构

在了解了 TensorFlow Lite 的组件之后，我们将研究移动应用程序如何与 TensorFlow 组件协作，以提供移动机器学习解决方案。

移动应用程序应利用 TensorFlow Lite 模型文件执行对未来数据的推理。TensorFlow Lite 模型文件可以与移动应用程序打包在一起并一起部署，也可以与移动应用程序部署包分开存放。图 4-2 描述了两种可能的部署方案。

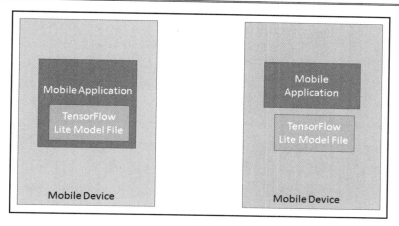

图 4-2

原　　文	译　　文
Mobile Application	移动应用程序
TensorFlow Lite Model File	TensorFlow Lite 模型文件
Mobile Device	移动设备

　　每个部署方案都有其优缺点。在第一种情况下，两者耦合在一起，模型文件具有更高的安全性，并且可以得到安全保护，这是一种更直接的方法。但是，由于模型文件本身具有一定的大小，因此这将导致应用程序包的大小增加。在第二种情况下，两者分开保存，可以轻松地单独更新模型文件，而无须执行应用程序升级。因此，在进行模型升级时，可以避免有关应用程序升级、部署到应用程序商店等的所有活动。由于这种分离，应用程序包的大小也可以最小化。但是，由于模型文件是独立的，因此应格外小心地处理它，不要让它受到安全威胁的影响。

　　在了解了 TensorFlow Lite 模型文件和移动应用程序的概念之后，现在不妨来讨论一下整个应用场景。移动应用程序与 TensorFlow Lite 模型文件打包在一起。使用 Android SDK 编写的移动应用程序与 TensorFlow Lite 模型文件之间的交互是通过 TensorFlow Lite 解释器进行的，该解释器是 Android NDK 层的一部分。通过使用从移动应用程序公开给 SDK 层的接口调用 C 函数，以便通过使用与移动应用程序一起部署的已经训练过的 TensorFlow Lite 模型进行预测或推断。图 4-3 提供了典型的机器学习程序所涉及的 Android 生态系统的 SDK 和 NDK 的各个层的清晰视图，开发人员也可以通过 Android NN 层在 GPU 或任何专用处理器上触发执行。

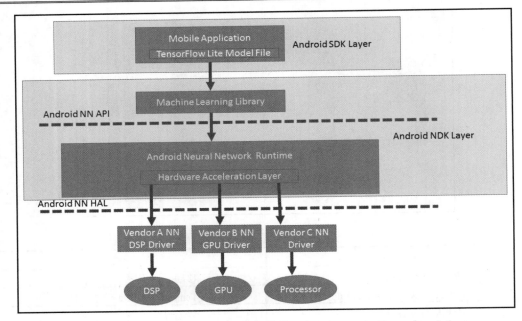

图 4-3

原　文	译　文
Mobile Application	移动应用程序
TensorFlow Lite Model File	TensorFlow Lite 模型文件
Android SDK Layer	Android SDK 层
Machine Learning Library	机器学习库
Android NN API	Android 神经网络 API
Android NDK Layer	Android NDK 层
Android Neural Network Runtime	Android 神经网络运行时间
Hardware Acceleration Layer	硬件加速器层
Android NN HAL	Android 神经网络硬件抽象库（HAL）
Vendor A NN DSP Driver	供应商 A 的神经网络 DSP 驱动程序
Vendor B NN GPU Driver	供应商 B 的神经网络 GPU 驱动程序
Vendor C NN Driver	供应商 C 的神经网络驱动程序
DSP	数字信号处理（DSP）
GPU	图形处理器
Processor	处理器

在使用 TensorFlow 编写第一个程序之前，需要学习一些基础概念，这些概念将有助

于理解 TensorFlow Lite 模型的工作方式。我们不会深入太具体的内容，而是仅做概念性的高层次概述，以便读者能高屋建瓴，更好地从整体上把握和理解。

MobileNet 和 Inception V3 是基于卷积神经网络（Convolutional Neural Networks，CNN）的内置模型。

在最基本的层面上，CNN 可以被视为一种使用同一神经元的许多相同副本的神经网络。这样一来，该网络就可以拥有大量的神经元，并可以表达较大的计算模型，同时又将需要学习的实际参数（描述神经元行为的值）保持在较低水平。

要理解这个概念，可以使用拼图游戏及其解谜方式来打比方。例如，图 4-4 就是一个需要解谜的拼图游戏。

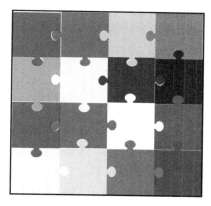

图 4-4

如果必须从给定的拼图块中组装出这个拼图，则只需考虑一下如何开始解决它。你可以将具有不同颜色的所有拼图块分组在一起，然后使用相同的颜色比对图案并组装它们，这与卷积网络训练图像分类和识别的方式相同。因此，每个神经元都会记住一小部分。但是，父神经元了解如何将其范围内的事物组装起来以符合整体拼图效果。

在 Inception V3 和 MobileNet 模型中，两者都基于 CNN 概念。该模型已经过训练，并且表现很稳定。使用图像集所需要做的就是用图像重新训练模型。所以，现在已经有了足够的概念和理论，接下来将继续使用 TensorFlow Lite for Android 编写第一个示例程序。

第 9 章 "移动设备上的神经网络" 中将使用 TensorFlow for mobile 开发移动设备上的分类应用程序。

4.3　使用 TensorFlow 模型编写移动应用程序

我们要做什么?

在本小节中,将在 TensorFlow 中构建一个小型 $(a + b)^2$ 模型,将其部署到 Android 移动应用程序中,然后从 Android 移动设备运行它。

你需要了解什么?

要继续本节,需要有效安装 Python、TensorFlow 依赖项和 Android Studio,以及一些 Python 和 Java Android 知识,可以在以下网址找到有关如何安装 TensorFlow 的说明。

https://www.tensorflow.org/install/

如果需要了解 Windows 的详细安装过程,请参考本书第 11 章"移动应用程序上机器学习的未来"中的屏幕截图提供的安装过程。

我们已经阐述了有关 TensorFlow 的详细信息。简单地说,TensorFlow 就是将用 Python 编写的 TensorFlow 程序保存到一个小文件中,该文件可以由 C++本机库读取,我们将在 Android App 中安装该文件并执行它,以便从移动设备进行推理。在这种情况下,Java 原生接口(Java Native Interface,JNI)将充当 Java 和 C++之间的桥梁。

要了解有关 TensorFlow Lite 背后开发思路的更多信息,请访问以下地址。

https://www.tensorflow.org/mobile/tflite/

4.3.1　编写第一个程序

为了编写 TensorFlow 移动应用程序,需要遵循执行以下步骤。

(1)创建 TF(TensorFlow)模型。

(2)保存模型。

(3)冻结图。

(4)优化模型。

(5)编写并执行 Android 应用程序。

接下来将详细介绍每个步骤。

1．创建和保存 TF 模型

首先，可以创建一个简单的模型，并将其计算图保存为序列化的 **GraphDef** 文件。在训练模型之后，将其变量的值保存到检查点（Checkpoint）文件中。必须将这两个文件转换为优化的独立文件，这就是需要在 Android 应用程序中使用的所有文件。

在本示例中，将创建一个非常简单的 TensorFlow 图，该图实现了一个小用例，该用例将计算 $(a+b)^2 = c$。在这里，将输入另存为 a 和 b，输出另存为 c。

为了实现此示例程序，将使用 Python。因此，作为先决条件，需要在计算机中安装 Python，并使用 pip 在计算机上安装 TensorFlow 库。

💡 **提示：**

请检查本书的软件安装/附录部分，以获取有关如何安装 Python 的说明。pip 是 Python 随附的 Python 软件包管理器。

安装 Python 并正确设置路径之后，即可从命令提示符处运行 pip 命令。要安装 TensorFlow，请运行以下命令。

```
pip install tensorflow
```

该示例似乎太简单了，可能不包含与机器学习有关的任何内容，但是该示例应该是理解 TensorFlow 及其工作原理的一个很好的起点。

```
import tensorflow as tf
a = tf.placeholder(tf.int32, name='a') # 输入
b = tf.placeholder(tf.int32, name='b') # 输入
times = tf.Variable(name="times", dtype=tf.int32, initial_value=2)
c = tf.pow(tf.add(a, b), times, name="c")
saver = tf.train.Saver()

init_op = tf.global_variables_initializer() with tf.Session() as sess:
sess.run(init_op) tf.train.write_graph(sess.graph_def, '.',
'tfdroid.pbtxt')
sess.run(tf.assign(name="times", value=2, ref=times)) # 保存图
# 保存检查点文件，该文件将存储上述赋值
saver.save(sess, './tfdroid.ckpt')
```

在上面的程序中，将创建两个名为 a 和 b 的占位符，它们可以保存整数值。现在，可以将占位符想象为决策树的树中的节点。在下一行中，将创建一个名为 times 的变量。创建它的目的是用来存储输入需要相乘的次数。在这种情况下，其值应该为 2，因为这就是 $(a+b)^2$ 输入要相乘的次数。

在下一行中，将对 a 和 b 节点都应用加法运算。对于这个总和，将执行幂运算，并

将结果保存在名为 c 的新节点中。要运行该代码，请先将其保存在扩展名为.py 的文件中。
然后使用 python 命令执行程序，如下所示。

```
python (filename)
```

运行上面的代码将产生两个文件。首先，它将 TF 计算图保存在一个名为 tfdroid.pbtxt
的 GraphDef 文本文件中。接下来，它将执行一个简单的赋值（一般来说是通过实际学习
完成），并将模型变量的检查点保存在 tfdroid.ckpt 中。

2．冻结图

在有了这些文件之后，即需要通过将检查点文件中的变量转换为包含变量值的 Const
Ops 来冻结图形，并将它们与 GraphDef 组合到独立文件中。使用此文件可以更轻松地在
移动应用程序内部加载模型。为实现这一目标，TensorFlow 在 tensorflow.python.tools 中
提供了 Frozen_graph。

```
import sys import tensorflow as tf from tensorflow.python.tools
import freeze_graph from tensorflow.python.tools
import optimize_for_inference_lib MODEL_NAME = 'tfdroid'
# 冻结图

input_graph_path = MODEL_NAME+'.pbtxt' checkpoint_path =
'./'+MODEL_NAME+'.ckpt' input_saver_def_path = "" input_binary = False
output_node_names = "c" restore_op_name = "save/restore_all"
filename_tensor_name = "save/Const:0" output_frozen_graph_name =
'frozen_'+MODEL_NAME+'.pb' output_optimized_graph_name =
'optimized_'+MODEL_NAME+'.pb' clear_devices = True
freeze_graph.freeze_graph(input_graph_path, input_saver_def_path,
input_binary, checkpoint_path, output_node_names, restore_op_name,
filename_tensor_name, output_frozen_graph_name, clear_devices, "")
```

3．优化模型文件

拥有冻结图之后，可以通过删除图的仅在训练期间需要的部分来进一步优化文件，
以仅用于推理目的。根据冻结图的说明文档，这包括以下内容。

❑　　删除仅用于训练的操作，例如保存检查点。

❑　　去除图中从未达到的部分。

❑　　删除调试操作，例如 CheckNumerics。

❑　　将批量归一化运算纳入预先计算的权重中。

❑　　将常用运算融合到统一版本中。

为实现这一目标，TensorFlow 在 tensorflow.python.tools 中提供了 optimize_for_inference_ lib，具体如下所示。

```
# 为推理进行优化
input_graph_def = tf.GraphDef() with
tf.gfile.Open(output_frozen_graph_name, "r") as f: data = f.read()
input_graph_def.ParseFromString(data)
output_graph_def = optimize_for_inference_lib.optimize_for_inference(
input_graph_def, ["a", "b"],
# 输入节点的数组["c"]
# 输出节点 tf.int32.as_datatype_enum 的数组

# 保存优化的图形
f = tf.gfile.FastGFile(output_optimized_graph_name, "w")
f.write(output_graph_def.SerializeToString())
tf.train.write_graph(output_graph_def, './', output_optimized_graph_name)
```

请注意上述代码中的输入和输出节点。我们的图只有一个输入节点（命名为 I）和一个输出节点（命名为 O）。这些名称与在定义张量（Tensor）时使用的名称相对应。如果使用的是其他图形，则应根据图形进行调整。

现在，我们有了一个名为 optimized_tfdroid.pb 的二进制文件，这意味着已准备好构建 Android 应用程序。如果在创建 optimized_tfdroid.pb 时遇到异常，则可以使用 tfdroid. somewhat，它是模型的未优化版本，这是相当大的。

4.3.2　创建 Android 应用程序

我们需要获取适用于 Android 的 TensorFlow 库，创建一个 Android 应用，对其进行配置以使用这些库，然后在该应用内调用 TensorFlow 模型。

尽管用户可以从头开始编译 TensorFlow 库，但是使用预构建的库更容易。

现在，使用 Android Studio 创建一个活动为空的 Android 项目。

在创建项目之后，可以将 TF 库添加到项目的 libs 文件夹中。开发人员可以从以下 GitHub 存储库中获取这些库。

https://github.com/PacktPublishing/Machine-Learning-for-Mobile/tree/master/tensorflow %20simple/TensorflowSample/app/libs

现在，项目的 libs/文件夹应如下所示。

```
libs
|___arm64-v8a
| |___libtensorflow_inference.so
```

```
|___armeabi-v7a
|  |___libtensorflow_inference.so
|___libandroid_tensorflow_inference_java.jar
|___x86
|  |___libtensorflow_inference.so
|___x86_64
|  |___libtensorflow_inference.so
```

现在需要通过将以下代码行放在 app/build.gradle 的 Android 块中，让构建系统知道这些库的位置。

```
sourceSets { main { jniLibs.srcDirs = ['libs'] } }
```

1. 复制 TF 模型

为该应用创建一个 Android 资源（Asset）文件夹，然后将刚刚创建的 optimized_tfdroid.pb 或 tfdroid.pb 文件放入其中（app/src/main/assets/）。

2. 创建活动

单击项目并创建一个名为 MainActivity 的空活动。在该活动的布局中，粘贴以下 XML。

```xml
<?xml version="1.0" encoding="utf-8"?>
<RelativeLayout xmlns:android="http://schemas.android.com/apk/res/android"
xmlns:tools="http://schemas.android.com/tools"
android:id="@+id/activity_main"
android:layout_width="match_parent"
android:layout_height="match_parent"
android:paddingBottom="@dimen/activity_vertical_margin"
android:paddingLeft="@dimen/activity_horizontal_margin"
android:paddingRight="@dimen/activity_horizontal_margin"
android:paddingTop="@dimen/activity_vertical_margin"
tools:context="com.example.vavinash.tensorflowsample.MainActivity">

<EditText
android:id="@+id/editNum1"
android:layout_width="100dp"
android:layout_height="wrap_content"
android:layout_alignParentTop="true"
android:layout_marginEnd="13dp"
android:layout_marginTop="129dp"
android:layout_toStartOf="@+id/button"
android:ems="10"
android:hint="a"
```

```xml
android:inputType="textPersonName"
android:textAlignment="center" />

<EditText
android:id="@+id/editNum2"
android:layout_width="100dp"
android:layout_height="wrap_content"
android:layout_alignBaseline="@+id/editNum1"
android:layout_alignBottom="@+id/editNum1"
android:layout_toEndOf="@+id/button"
android:ems="10"
android:hint="b"
android:inputType="textPersonName"
android:textAlignment="center" />

<Button
android:text="Run"
android:layout_width="wrap_content"
android:layout_height="wrap_content"
android:id="@+id/button"
android:layout_below="@+id/editNum2"
android:layout_centerHorizontal="true"
android:layout_marginTop="50dp" />

<TextView
android:layout_width="wrap_content"
android:layout_height="wrap_content"
android:text="Output"
android:id="@+id/txtViewResult"
android:layout_marginTop="85dp"
android:textAlignment="center"
android:layout_alignTop="@+id/button"
android:layout_centerHorizontal="true" />
</RelativeLayout>
```

在 mainactivity.java 文件中，粘贴以下代码。

```java
package com.example.vavinash.tensorflowsample;
import android.support.v7.app.AppCompatActivity;
import android.os.Bundle;
import android.widget.EditText;
import android.widget.TextView;
import android.widget.Button;
```

```java
import android.view.View;
import org.tensorflow.contrib.android.TensorFlowInferenceInterface;
public
class MainActivity extends AppCompatActivity {
    // 改变在 Python Tensorflow 中生成的自己的模型的文件名
    private static final String MODEL_FILE =
"file:///android_asset/tfdroid.pb";

    // 接下来，将通过该接口使用已生成的模型进行推理。它在内部使用 C++库和 JNI
    private TensorFlowInferenceInterface inferenceInterface;
    static {
        System.loadLibrary("tensorflow_inference");
    }
    @Override
    protected void onCreate(Bundle savedInstanceState) {
        super.onCreate(savedInstanceState);
        setContentView(R.layout.activity_main);
        inferenceInterface = new TensorFlowInferenceInterface();
        // 实例化并设置模型文件作为输入
        inferenceInterface.initializeTensorFlow(getAssets(), MODEL_FILE);
        final Button button = (Button) findViewById(R.id.button);
        button.setOnClickListener(new View.OnClickListener() {
            public void onClick(View v) {
                final EditText editNum1 = (EditText)
findViewById(R.id.editNum1);
                final EditText editNum2 = (EditText)
findViewById(R.id.editNum2);
                float num1 =
Float.parseFloat(editNum1.getText().toString());
                float num2 =
Float.parseFloat(editNum2.getText().toString());
                int[] i = {1};
                int[] a = {((int) num1)};
                int[] b = {((int) num2)};
                // 设置模型中变量 a 和 b 的输入
                inferenceInterface.fillNodeInt("a",i,a);
                inferenceInterface.fillNodeInt("b",i,b);
                // 执行推理并获得变量 c 中的输出
                inferenceInterface.runInference(new String[] {"c"});
                // 读取已接收到的输出
                int[] c = {0};
                inferenceInterface.readNodeInt("c", c);
                // 投射给用户
```

```
                final TextView textViewR = (TextView)
findViewById(R.id.txtViewResult);
                textViewR.setText(Integer.toString(c[0]));
            }
        });
    }
}
```

在上面的程序中，可以使用以下代码段加载 TensorFlow 二进制文件。

```
System.loadLibrary("tensorflow_inference");
```

在创建绑定（Bundle）的方法中，具有 main 逻辑。在此可以通过提供 TensorFlow 模型的.pb 文件来创建 TensorFlow 推理对象，这个.pb 文件其实已经生成，详见本章前面的"创建和保存 TF 模型"部分。

现在可以在 Run（运行）按钮上注册一个点击事件。在这种情况下，将值提供给 TensorFlow 中的 a 和 b 节点并运行推理，然后在 c 节点中获取值并将其显示给用户。

如图 4-5 所示就是运行该应用程序的结果。

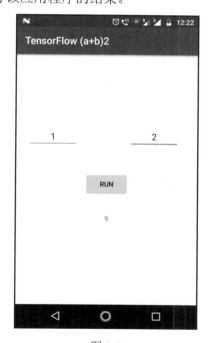

图 4-5

图 4-5 显示了应用程序的打开屏幕。在提供的文本框中，需要提供 a 和 b 值。单击

RUN 按钮后，即可在输出区域中看到结果。

 提示：

开发人员可以从以下 GitHub 存储库中获取上述应用程序的代码。

https://github.com/PacktPublishing/Machine-Learning-for-Mobile/tree/master/tensorflow%20simple

4.4　小　　结

本章详细介绍了 Google 公司为移动设备开发的机器学习工具 TensorFlow for Mobile 和 TensorFlow Lite，并探讨了允许使用 TensorFlow 进行机器学习的移动应用程序的体系结构。然后，讨论了 TensorFlow Lite 及其组件的架构和详细信息，甚至演示了一个使用 TensorFlow for mobile 的 Android 移动应用程序的简单用例。

第 5 章将详细阐述在 iOS 中使用 Core ML 的回归算法。

第 5 章　在 iOS 中使用 Core ML 进行回归

本章将详细阐述回归算法和 Core ML 基础知识，并介绍如何利用回归算法创建机器学习程序，并使用 iOS 中的 Core ML 为一组与住房相关的数据预测其房屋价格。

正如本书第 1 章 "面向移动设备的机器学习应用程序" 中已经看到的那样，任何机器学习程序都有 4 个阶段。我们需要理解在这 4 个阶段中涵盖的内容，以及将用于解决底层机器学习问题的工具。

问题定义：给定某个区域的住房信息，我们希望预测该区域房屋价值的中位数。

本章将讨论以下主题。

❑　理解什么是回归以及如何将其应用于解决机器学习问题。

❑　使用样本数据集和 Excel 理解回归。

❑　了解 Core ML 的基础知识。

❑　在 Core ML 中使用回归解决问题。

> ➢　技术要求。
> ➢　如何使用 scikit-learn 创建模型文件。
> ➢　测试模型。
> ➢　了解如何将 scikit-learn 模型导入 Core ML 项目。
> ➢　编写 iOS 移动应用程序，并在其中使用 scikit-learn 模型进行房价预测。

5.1　回 归 简 介

回归分析（Regression Analysis）是用于数据统计分析的基本方法。这是一种有助于查找变量之间关系的统计方法，它主要用于理解输入和输出数值变量之间的关系。我们首先应确定因变量（它将根据自变量的值而发生变化）。例如，房屋的值（因变量）将根据房屋的面积大小（自变量）而变化。回归分析对于预测非常有用。

在一个简单的回归问题（单个 x 和单个 y）中，该模型的形式如下：

$$y = A + Bx$$

在更高的维度中，当有多于一个输入（x）时，这条线被称为平面（Plane）或超平面（Hyperplane）。

在示例中，可以根据可能会影响该特定区域中数据价格的各种参数来预测房屋的价格。

以下是解决回归问题时要考虑的一些重要点。

❑　该预测将是一个数值。

❑　输入变量可以是实值或离散值。

❑　如果存在多个输入变量，则称为多元回归问题（Multivariate Regression Problem）。

❑　当输入变量按时间排序时，此类回归问题称为时间序列预测问题（Time Series Forecasting Problem）。

❑　回归不应与分类相混淆。分类是预测离散类别标签的任务，而回归则是预测连续数量的任务。

能够学习回归预测模型的算法称为回归算法（Regression Algorithm）。

下面将尝试使用带有特定数据集的详细示例来理解线性回归，还将使用相同的数据集来处理 iOS Core ML 示例。

1．数据集

我们将使用 Boston（波士顿）数据集来解决回归问题。该数据集包含美国人口普查局收集的有关马萨诸塞州波士顿地区住房的信息。它是从 StatLib 档案库中获得的，并且已在整个文献中广泛用于基准算法。该数据集很小，只有 506 个案例，其下载网址如下所示。

http://lib.stat.cmu.edu/datasets/boston

2．数据集命名

该数据集的名称很简单，就是 Boston。它有两个任务：一是预测一氧化氮（Nitrous Oxide）的含量；二是预测房屋价格的中位数。

有关该数据集的其他详细信息如下。

❑　Origin：波士顿房屋数据的原点（Origin）是 Natural。

❑　Usage：此数据集可用于评估。

❑　Number of cases：该数据集总共包含 506 个案例（Case）。

❑　Order：案例的顺序（Order）是未知的。

❑　Variables：在数据集的每个案例中都有以下 14 个属性。

　　➤　CRIM：按城镇划分的人均犯罪率（Crime Rate）。

　　➤　ZN：占 25000 平方英尺以上土地的一部分住宅用地（Residential Land Zone）。

　　➤　INDUS：每个城镇非零售业务英亩的比例。

- ➢ CHAS：Charles River 虚拟变量（如果旁边有河流，则为 1；否则为 0）。
- ➢ NOX：一氧化氮浓度（百万分之几）。
- ➢ RM：每栋住宅的平均房间（Room）数。
- ➢ AGE：在 1940 年之前建造的自有住房的比例。
- ➢ DIS：到 5 个波士顿就业中心的加权距离（Weighted Distance）。
- ➢ RAD：周围高速公路的可达性指数。
- ➢ TAX：每 10000 美元的全值不动产税率（Tax Rate）。
- ➢ PTRATIO：城镇的师生比例（Pupil-Teacher Ratio）。
- ➢ B：$1000(Bk - 0.63)^2$，其中，Bk 是城镇中黑人的比例。
- ➢ LSTAT：人口中处于较低地位（Lower Status）的百分比。
- ➢ MEDV：自有住房的中位数值（Median Value）为 1000 美元。

我们将使用 Excel 对数据集尝试简单的线性回归以及多元回归，并了解详细信息。为了进行分析，将仅考虑来自 Boston 数据集的 506 个样本数据空间中的 20 个数据元素，如图 5-1 所示。

CRIM	ZN	INDUS	CHAS	NOX	RM	AGE	DIS	RAD	TAX	PT	B	LSTAT	MV
0.00632	18	2.309999943	0	0.537999988	6.574999809	65.19999695	4.090000153	1	296	15.3	396.899994	4.980000019	24
0.027310001	0	7.070000172	0	0.469000012	6.421000004	78.90000153	4.967100143	2	242	17.799999	396.899994	9.140000343	21.6
0.02729	0	7.070000172	0	0.469000012	7.184999943	61.09999847	4.967100143	2	242	17.799999	392.829987	4.03000021	34.700001
0.032370001	0	2.180000067	0	0.458000004	6.998000145	45.79999924	6.062200069	3	222	18.700001	394.630005	2.940000057	33.400002
0.069049999	0	2.180000067	0	0.458000004	7.146999836	54.20000076	6.062200069	3	222	18.700001	396.899994	5.329999924	36.200001
0.029850001	0	2.180000067	0	0.458000004	6.429999828	58.70000076	6.062200069	3	222	18.700001	394.119995	5.210000038	28.700001
0.088289998	12.5	7.869999886	0	0.523999989	6.012000084	66.59999847	5.560500145	5	311	15.2	395.600006	12.43000031	22.9
0.144549996	12.5	7.869999886	0	0.523999989	6.171999931	96.09999847	5.950500011	5	311	15.2	396.899994	19.14999962	27.1
0.211239994	12.5	7.869999886	0	0.523999989	5.631000042	100	6.082099915	5	311	15.2	386.630005	29.93000031	16.5
0.170039997	12.5	7.869999886	0	0.523999989	6.004000187	85.90000153	6.592100143	5	311	15.2	386.709992	17.10000038	18.9
0.224889994	12.5	7.869999886	0	0.523999989	6.376999855	94.30000305	6.346700191	5	311	15.2	392.519989	20.45000076	15
0.117470004	12.5	7.869999886	0	0.523999989	6.008999825	82.90000153	6.226699829	5	311	15.2	396.899994	13.27000046	18.9
0.093780003	12.5	7.869999886	0	0.523999989	5.888999939	39	5.450900078	5	311	15.2	390.5	15.71000004	21.700001
0.629760027	0	8.140000343	0	0.537999988	5.948999882	61.79999924	4.707499981	4	307	21	396.899994	8.260000229	20.4
0.637960017	0	8.140000343	0	0.537999988	6.096000195	84.5	4.461900234	4	307	21	380.019989	10.26000023	18.200001
0.627390027	0	8.140000343	0	0.537999988	5.834000111	56.5	4.498600006	4	307	21	395.619995	8.470000267	19.9
1.053930044	0	8.140000343	0	0.537999988	5.934999943	29.29999924	4.498600006	4	307	21	386.850006	6.579999924	23.1
0.784200013	0	8.140000343	0	0.537999988	5.989999771	81.69999695	4.257900238	4	307	21	386.75	14.67000008	17.5
0.802709997	0	8.140000343	0	0.537999988	5.455199851	36.59999847	3.796499968	4	307	21	288.98999	11.68999958	20.200001
0.725799978	0	8.140000343	0	0.537999988	5.727000237	69.5	3.796499968	4	307	21	390.950012	11.27999973	18.200001

图 5-1

现在，可以使用 Excel 中提供的数据分析选项，并尝试仅考虑因变量 DIS 来预测 MV。在数据分析中，选择 Regression，然后选择 MV 作为 Y 值，选择 DIS 作为 X 值。这是一个简单的回归，其中有一个因变量来预测输出。如图 5-2 所示就是 Excel 产生的输出。

以 DIS 为因变量的 MV 预测线性回归方程为 $Y = 1.11X + 17.17$（这是 DIS 的 DIS 系数+截距值）：

$$R2 = 0.0250$$

SUMMARY OUTPUT					
Regression Statistics					
Multiple R	0.15842429				
R Square	0.02509826				
Adjusted R Square	-0.0322489				
Standard Error	6.2924382				
Observations	19				
ANOVA					
	df	SS	MS	F	Significance F
Regression	1	17.32884216	17.32884	0.4376547	0.5171238
Residual	17	673.1112344	39.59478		
Total	18	690.4400765			

	Coefficients	Standard Error	t Stat	P-value	Lower 95%	Upper 95%	Lower 95.0%	Upper 95.0%
Intercept	17.1776841	9.067764021	1.894368	0.0753179	-1.9536257	36.30899	-1.953626	36.308994
DIS	1.11806988	1.690063931	0.661555	0.5171238	-2.4476533	4.683793	-2.447653	4.6837931

图 5-2

现在，可以看到用来分析的 20 个数据样本集的 MV 的预测输出，如图 5-3 所示。

RESIDUAL OUTPUT				PROBABILITY OUTPUT	
Observation	Predicted MV	Residuals		Percentile	MV
1	21.75059006	2.249409935		2.631578947	15
2	22.73124914	-1.131248764		7.894736842	16.5
3	22.73124914	11.96875162		13.15789474	17.5
4	23.95564738	9.444354146		18.42105263	18.20000076
5	23.95564738	12.24435338		23.68421053	18.89999962
6	23.95564738	4.744353376		28.94736842	18.89999962
7	23.39471181	-0.494712192		34.21052632	19.89999962
8	23.83075891	3.269241466		39.47368421	20.20000076
9	23.9778968	-7.477896803		44.73684211	20.39999962
10	24.5481127	-5.648113076		50	21.60000038
11	24.2737384	-9.273738401		55.26315789	21.70000076
12	24.13956961	-5.239569991		60.52631579	22.89999962
13	23.27217128	-1.572170518		65.78947368	23.10000038
14	22.44099802	-2.040998402		71.05263158	24
15	22.16640034	-3.966399583		76.31578947	27.10000038
16	22.20743325	-2.307433632		81.57894737	28.70000076
17	22.20743325	0.892567128		86.84210526	33.40000153
18	21.93831409	-4.438314092		92.10526316	34.70000076
19	21.42243635	-1.222435588		97.36842105	36.20000076

图 5-3

以 DIS 作为因变量预测的 MV 输出图表如图 5-4 所示。

现在，已经了解了单个因变量条件下线性回归的工作方式。同样，通过将多个变量包括为 $X_1, X_2, X_3, ..., X_n$，可以使用任意数量的因变量。

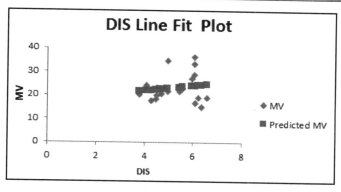

图 5-4

在数据集中，总共有 14 个变量，并且可以使 MV 依赖于所有其余 13 个变量，并以与先前为单个变量指定的相同方式创建回归方程。

在理解了如何使用 Excel 对 Boston 数据集执行回归之后，即可使用 Core ML 执行相同的操作。在继续进行 Core ML 实现之前，必须先了解 Core ML 是什么，并掌握有关 Core ML 的基础知识。

5.2　了解 Core ML 的基础

Core ML 是使 iOS 移动应用程序能够在移动设备上以本地方式运行的机器学习模型。它使开发人员能够将各种机器学习模型类型集成到移动应用程序中。开发人员不需要掌握机器学习或深度学习的广泛知识即可使用 Core ML 编写机器学习移动应用程序。他们只需要知道如何像其他资源一样将机器学习模型包含到移动应用程序中，并在移动应用程序中调用它。数据科学家或机器学习专家可以使用他们熟悉的任何技术（如 Keras、scikit-learn 等）创建机器学习模型。Core ML 提供了一些工具，可将使用其他工具（如 TensorFlow、scikit-learn 等）创建的机器学习数据模型转换为 Core ML 要求的格式。

Core ML 模型的转换将在应用程序开发阶段发生，而不会在使用应用程序时实时发生。该转换是使用 coremltools Python 库完成的。当应用程序反序列化（Deserialize）Core ML 模型时，它将成为具有 prediction 方法的对象。Core ML 并不是真正用于训练，而只是用于运行预训练的模型。

Core ML 支持广泛的深度学习功能，并可支持 30 多个层。深度学习中的层实际上暗示了数据转换所经过的层数。它还支持标准模型：树集成、SVM 和线性模型。它建立在诸如 Metal 之类的底层技术之上。Core ML 可无缝利用 CPU 和 GPU 的优势来提供最大化的性能和效率。它具有根据当前任务的强度在 CPU 和 GPU 之间切换的能力。由于 Core ML 允许机器学习在设备上以本地方式运行，因此数据无须离开设备进行分析。

　　借助于 Core ML，开发人员可以将已经训练过的机器学习模型集成到自己的应用程序中，如图 5-5 所示。

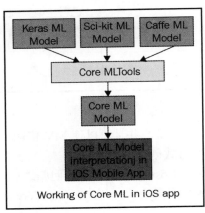

图 5-5

原　　文	译　　文
Keras ML Model	Keras 机器学习模型
Sci-kit ML Model	Sci-kit 机器学习模型
Caffe ML Model	Caffe 机器学习模型
Core MLTools	Core 机器学习工具
Core ML Model	Core 机器学习模型
Core ML Model interpretation in iOS Mobile App	在 iOS 移动应用程序中的 Core ML 模型解释
Working of Core ML in iOS App	在 iOS 移动应用程序中 Core ML 的作用

　　经过训练的模型是将机器学习算法应用于一组训练数据的结果。该模型可基于新的输入数据进行预测。例如，在给定卧室和浴室数量的情况下，接受过某个地区历史房屋价格训练的模型应该可以预测房屋价格。

　　Core ML 针对设备上的性能进行了优化，从而最大限度地减少了内存占用和功耗。严格在设备上运行可确保用户数据的私密性，并确保当网络连接不可用时，应用程序仍可正常运行并响应。

　　Core ML 是特定领域的框架和功能的基础。例如，Core ML 为 Vision 提供了图像处理支持，为 Foundation 提供了自然语言处理（Natural Language Processing，NLP）支持（例如 NSLinguisticTagger 类），为 GameplayKit 提供了对学习决策树（Learned Decision Tree）进行分析支持。Core ML 本身是基于底层基本类型而建立的，包括 Accelerate、BNNS 以及 Metal Performance Shaders 等，如图 5-6 所示。

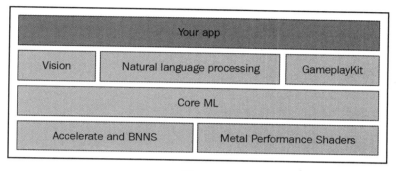

图 5-6

原　　文	译　　文
Your app	你的移动应用程序
Natural language processing	自然语言处理
Accelerate and BNNS	Accelerate 和 BNNS

打算使用 Core ML 编写机器学习程序的 iOS 开发人员需要了解以下基本步骤。

（1）在 iOS 之外创建模型。这可以使用 scikit-learn、TensorFlow 或开发人员愿意的任何其他方式来完成。为了创建机器学习模型文件，他们需要知道第 1 章已经阐述过的机器学习的 4 个关键阶段。

（2）一旦构建、测试并准备好可以使用的模型之后，需要将该模型转换为与 Core ML 兼容的格式。此时，可以使用 Core ML 工具，这些工具实际上有助于将使用任何工具创建的模型文件转换为 Core ML 要求的格式（.mlmodel 文件格式）的模型文件。

（3）创建 Core ML 特定模型文件之后，可以将其导入 iOS 程序，并且可以使用 Core ML 提供的 API 与模型文件进行交互，以提取 iOS 应用程序可能需要的所需信息。基本上，这是将.mlmodel 文件导入 Xcode 项目的 resources 文件夹中。

ⓘ 注意：

Core ML 的最大优点是使用非常简单。只需寥寥几行代码就可以帮助集成完整的 ML 模型。Core ML 只能帮助将经过预训练的机器学习模型集成到应用程序中，但是它本身无法进行模型训练。

5.3　在 Core ML 中使用回归解决问题

本节将详细阐述创建回归模型，然后在 iOS 移动应用程序中使用回归模型的细节。我们将详细介绍创建 iOS 回归机器学习应用程序以解决定义的问题所涉及的各个步骤。

5.3.1　技术要求

需要在开发人员机器上安装以下软件。

❑　Python。

❑　Mac 环境中的 Xcode。

可以从 GitHub 存储库中下载本章的练习程序，其网址如下。

https://github.com/PacktPublishing/Machine-Learning-for-Mobile/tree/master/housing%20price%20prediction

在下面的程序中，将使用 pandas、numpy 和 scikit-learn 创建模型，因此，请在命令提示符/终端中使用以下命令从 pip 软件包管理器中安装这些软件包。

```
pip install scikit-learn
pip install numpy
pip install pandas
```

为了将创建的模型转换为 Core ML 格式，需要使用 Apple 提供的 Core ML scikit-learn Python 转换器。

```
pip install -U coremltools
```

5.3.2　如何使用 scikit-learn 创建模型文件

本节将说明如何使用 scikit-learn 创建线性回归模型文件，并将其转换为与 Core ML 兼容的.mlmodel 文件，我们将使用 Boston 数据集进行模型创建。以下是一个简单的 Python 程序，该程序使用 scikit-learn 和 Boston 数据集创建了一个简单的线性回归模型。然后，Core ML 工具将其转换为与 Core ML 兼容的模型文件。现在，来详细分析一下该程序。

首先，需要导入该程序所需的软件包。

```
# 导入必需的软件包
import numpy as np
```

　　上面的行可导入 NumPy 包。NumPy 是使用 Python 进行科学计算的基本软件包。它包含一个功能强大的 N 维数组对象。此 numpy 数组将在该程序中用于存储数据集，该数据集具有 14 个维度。

```
import pandas as pd
 from pandas.core import series
```

　　上一行可导入 pandas 软件包，这是一个开放源代码、BSD 许可的库，为 Python 编程语言提供了高性能、易于使用的数据结构和数据分析工具。使用 pandas 可以创建一个数据框，你可以将 pandas 数据帧假定为 Excel 电子表格，其中每个工作表都有标题和数据。

```
import coremltools
 from coremltools.converters.sklearn import _linear_regression
```

　　上面的代码行可以使用 Core ML Tools 转换包导入在此程序中构建的线性回归模型。Core ML Tools 是一个 Python 软件包，用于创建、检查和测试.mlmodel 格式的模型。特别是，它可用于执行以下操作。

- ❑ 通过流行的机器学习工具（包括 Keras、Caffe、scikit-learn、libsvm 和 XGBoost）将现有模型转换为.mlmodel 格式。
- ❑ 通过简单的 API 以.mlmodel 格式表示模型。
- ❑ 使用.mlmodel 进行预测（在用于测试目的的特定平台上）。

```
from sklearn import datasets, linear_model
 from sklearn.metrics import mean_squared_error, r2_score
```

　　上面的代码行可以导入 sklearn 软件包。数据集用于导入 sklearn 包中的内置数据集。在此程序中，将使用 5.2 节中介绍的波士顿住房价格数据集。linear_model 包用于访问线性回归函数，而 metrics 包则用于计算该模型的测试指标，例如均方误差（Mean Squared Error）。

```
boston = datasets.load_boston()
```

　　上面的代码行可以从 sklearn 数据集包中加载 Boston 数据集。

```
bos = pd.DataFrame(boston.data)
```

　　现在，需要从整个数据集中提取数据。

```
bos.columns = boston.feature_names
```

　　获取列名称，即该数据的标题。

```
bos ['price'] = boston.target
```

现在可以来定义要预测的目标列，定义为目标的列是将要预测的列。

```
x = bos.drop('price', axis=1)
```

定义目标列之后，将从目标列中删除数据，使其变为 x。

```
y = bos.price
```

由于将价格定义为目标列，因此 y 是数据集数据中的 price 列。

```
X_train,X_test,Y_train,Y_test =
sklearn.model_selection.train_test_split(x,y,test_size=0.3, random_state=5)
```

然后，按照 70/30 规则将数据分为训练和测试数据。

```
lm = sklearn.linear_model.LinearRegression()
```

获得训练和测试数据后，即可初始化线性回归对象。

```
lm.fit(X_train,Y_train)
```

使用已初始化的线性回归对象，只需将训练和测试数据输入回归模型中。

```
Y_pred = lm.predict(X_test)
```

上面的代码行可以预测目标。

```
mse = sklearn.metrics.mean_squared_error(Y_test,Y_pred)
print(mse);
```

上面的代码行将在拟合模型和预测结果中计算均方误差。

由于回归预测模型可以预测数量，因此模型必须具有为这些预测报告误差的技能。

有许多方法可以估算回归预测模型的技巧，但最常见的方法是计算均方根误差（Root Mean Squared Error，RMSE）。

例如，如果回归预测模型进行了两项预测，其中一项为 1.5（预期值为 1.0），另一项为 3.3（预期值为 3.0），则其 RMSE 如表 5-1 所示。

表 5-1　计算 RMSE 值

1	RMSE = sqrt(average(error^2))
2	RMSE = sqrt(((1.0 - 1.5)^2 + (3.0 - 3.3)^2) / 2)
3	RMSE = sqrt((0.25 + 0.09) / 2)
4	RMSE = sqrt(0.17)
5	RMSE = 0.412

RMSE 的一个好处是，错误分数的单位与预测值的单位相同。

```
model = coremltools.converters.sklearn.convert(
    sk_obj=lm,input_features=boston.feature_names,
    output_feature_names='price')
```

在上面的代码行中，将拟合的模型转换为 Core ML 格式。基本上，这就是创建.mlmodel 文件的代码，还指定了输入和输出列名称。

```
model.save('HousePricer.mlmodel')
```

在上面的代码行中，将模型保存到磁盘，以便日后可以在 iOS 程序中使用它。

5.3.3　运行和测试模型

在将 scikit-learn 创建的模型转换为 Core ML 格式之前，还需要进行独立执行和测试，以发现方差和均方误差。

❑　准备的模型的均方差为 30.703232。

❑　方差得分是 0.68。

❑　该过程以退出代码 0 完成。

图 5-7 给出了预测值（Prediction）与实际值（True Value）之间的关系。

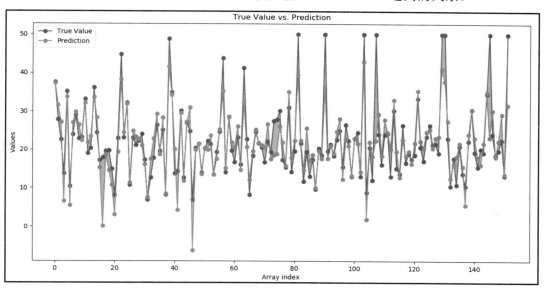

图 5-7

原　　文	译　　文
Values	值
True Value	实际值
Prediction	预测值
Array index	数组指标

5.3.4　将模型导入 iOS 项目

图 5-8 是 Xcode 项目的项目结构，该项目已经导入了.mlmodel 文件（HousePricer. mlmodel），并将其用于预测。

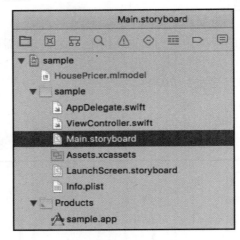

图 5-8

ViewCcontroller.swift 文件则是创建后的模型文件使用的地方，而住房价格预测将在移动应用程序中执行。

HousePricer.mlmodel 文件是使用 scikit-learn 创建的模型文件，并已经使用 Core ML 转换器工具转换为机器学习模型文件。此文件包含在 iOS Xcode 项目的 resource 文件夹中。

5.3.5　编写 iOS 应用程序

本节提供了使用.mlmodel 格式的模型并进行房价预测的 Swift 代码的详细信息。

```
// ViewController.swift
import UIKit
```

```
import CoreML
class ViewController: UIViewController {
    let model = HousePricer()
```

上面的代码行用于初始化已经导入项目中的模型类。以下各行则定义了文本字段的出口/变量以与其进行交互。

```
@IBOutlet weak var crim: UITextField!
@IBOutlet weak var zn: UITextField!
@IBOutlet weak var price: UILabel!
@IBOutlet weak var b: UITextField!
@IBOutlet weak var ptratio: UITextField!
@IBOutlet weak var medv: UITextField!
@IBOutlet weak var lstat: UITextField!
@IBOutlet weak var rad: UITextField!
@IBOutlet weak var tax: UITextField!
@IBOutlet weak var dis: UITextField!
@IBOutlet weak var age: UITextField!
@IBOutlet weak var rm: UITextField!
@IBOutlet weak var nox: UITextField!
@IBOutlet weak var chas: UITextField!
@IBOutlet weak var indus: UITextField!
override func didReceiveMemoryWarning() {
    super.didReceiveMemoryWarning()
    // 处置所有可以重新创建的资源
}
override func viewDidLoad() {
    super.viewDidLoad();
    updated(rad);
}
@IBAction func updated(_ sender: Any) {
        guard let modeloutput = try? model.prediction(CRIM:
Double(crim.text!)!, ZN: Double(zn.text!)!, INDUS: Double(indus.text!)!,
CHAS: Double(chas.text!)!, NOX: Double(nox.text!)!, RM: Double(rm.text!)!,
AGE: Double(age.text!)!, DIS: Double(dis.text!)!, RAD: Double(rad.text!)!,
TAX: Double(tax.text!)!, PTRATIO: Double(ptratio.text!)!, B:
Double(b.text!)!, LSTAT: Double(lstat.text!)!) else {
            fatalError("unexpected runtime error")
    }
    price.text = "$" + String(format: "%.2f",modeloutput.price);
    }
}
```

上面的函数作为 onchange 侦听器添加到所有之前的文本字段。在此，将使用先前创建的模型对象，并按文本字段中的给定值预测价格。

5.3.6　运行 iOS 应用程序

创建的 Xcode 项目是在模拟器中执行的，如图 5-9 所示就是一个运行示例。

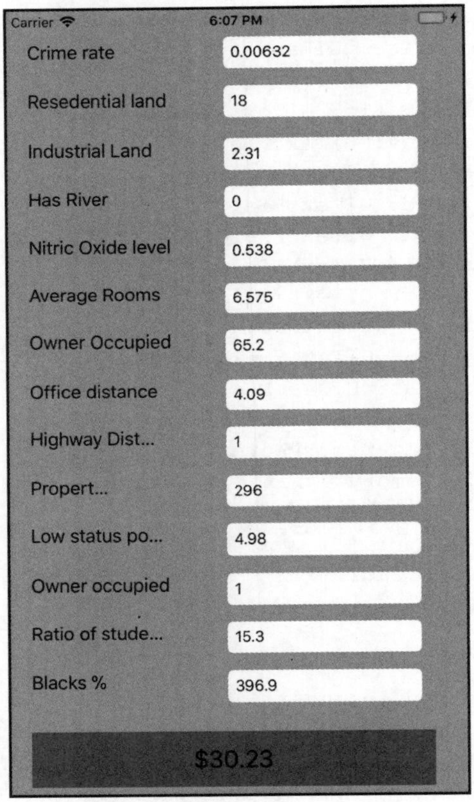

图 5-9

5.4　深　入　阅　读

要更深入地了解 Core ML 及其提供的服务，可以访问其官方网站，地址如下。

https://developer.apple.com/documentation/coreml

5.5　小　　结

本章重点阐述了以下内容。

❑　线性回归：理解该算法，并使用 Excel 工作表为 Boston 住房数据集实现该算法。

❑　Core ML：详细介绍了 Core ML 及其提供的各种功能。

❑　使用 Core ML 实现线性回归的示例应用程序：我们获取了 Boston 住房数据集，并使用 Core ML 为 iOS 移动应用程序实现了线性回归模型，最后在移动应用程序中查看了结果。

第 6 章　ML Kit SDK

本章将讨论 ML Kit，它是 Firebase 在 Google I/O 2018 上发布的。该 SDK 已经将 Google 的移动机器学习产品打包在一个包中。

移动应用程序开发人员可能希望在其移动应用程序中实现需要进行机器学习的功能。但是，他们可能不了解机器学习的概念以及对于哪些场景使用哪种算法，如何构建模型，以及训练模型等。

ML Kit 试图通过识别所有在移动设备环境下进行机器学习的潜在用例，并提供现成的 API 来解决此问题。如果将正确的输入传递给这些 API，则将接收到所需的输出，而无须进一步编码。

此外，ML Kit 使输入既可以传递到离线工作的设备上的 API，也可以传递到云中托管的在线 API。

最重要的是，ML Kit 还为具有机器学习专长的开发人员提供了选择，使他们可以使用 TensorFlow/TensorFlow Lite 构建自己的模型，然后将其导入应用程序并使用 ML Kit API 进行调用。

ML Kit 还提供了更多有用的功能，例如机器学习模型升级和监视功能（如果由 Firebase 托管的话）。

本章将讨论以下主题。

❑　ML Kit 及其功能。
❑　使用设备上的 ML Kit API 创建图像标签样本。
❑　使用 ML Kit 云 API 创建相同的样本。
❑　创建人脸检测应用程序。

6.1　理解 ML Kit

ML Kit 涵盖了 Google 现有关于移动设备机器学习方面的产品。它将 Google Cloud Vision API、TensorFlow Lite 和 Android Neural Networks API（Android 神经网络 API）捆绑在一个 SDK 中，如图 6-1 所示。

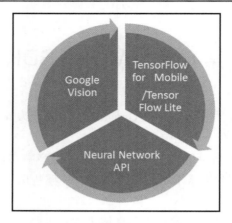

图 6-1

ML Kit 使开发人员能够以非常简单的方式在 Android 和 iOS 系统的移动应用程序中利用机器学习，推理则可以通过调用设备上或云上的 API 来进行。

设备上 API 的优点是它们可以完全离线工作，并且由于不需要将数据发送到云而更加安全。相比之下，云端 API 则必须连接到网络，并且一定需要将数据发送到设备外，但它可以提高正确率。

ML Kit 提供的 API 涵盖了移动应用程序开发人员可能需要的以下机器学习方案。

- 图像标签。
- 文本识别。
- 地标检测。
- 人脸检测。
- 条形码扫描。

所有这些 API 都是使用复杂的机器学习算法实现的，但是，这些细节都已经打包好了，移动开发人员无须详细了解用于实现这些 API 的算法。所有他们要做的就是将所需的数据传递到 SDK，然后返回正确的输出，具体取决于使用的是 ML Kit 的哪一部分。

如果提供的 API 没有涵盖特定的用例，则可以构建自己的 TensorFlow Lite 模型。ML Kit 有助于托管该模型，并将其提供给移动应用程序。

由于 Firebase ML Kit 同时提供了设备上（On-Device）和云上（On-Cloud）的功能，因此开发人员可以根据手头的具体问题提出创新的解决方案，以充分利用这两者。他们需要知道的是，设备上的 API 快速且可以离线工作，而云端的 API 则利用 Google Cloud 平台来提供准确度更高的预测。

图 6-2 描述了在决定使用设备上 API 还是云上 API 时要考虑的问题。

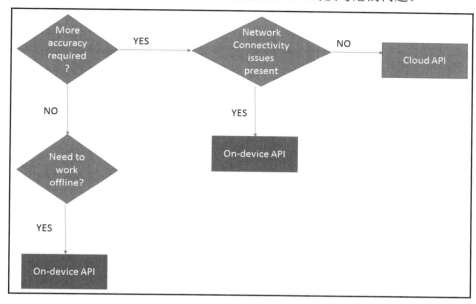

图 6-2

原　　文	译　　文
More accuracy required?	是否必须更准确?
YES	是
Network Connectivity issues present	是否存在网络连接问题?
NO	否
Cloud API	使用云上 API
Need to work offline?	是否需要离线工作?
On-device API	使用设备 API

ML Kit 提供的 API 并不是全部都同时支持设备上和云上模式。图 6-3 显示了每个 API 所支持的模式。

现在来看一下每个 API 的细节。

1．文本识别

ML Kit 的文本识别 API 可以使用移动设备的摄像头帮助识别任何基于拉丁语的文本，它们在设备上和云上均可用。

Feature	On-Device	On-Cloud
Text recognition	Yes	Yes
Face detection	Yes	No
Barcode scanning	Yes	No
Image labeling	Yes	Yes
Landmark recognition	No	Yes
Custom model inference	Yes	No

图 6-3

原　　文	译　　文	原　　文	译　　文
Feature	功能	Image labeling	图形标签
On-Device	设备上	Landmark recognition	地标识别
On-Cloud	云上	Custom model inference	自定义模型推理
Text recognition	文本识别	Yes	是
Face detection	人脸检测	No	否
Barcode scanning	条码扫描		

设备上的 API 允许识别稀疏文本或图像中存在的文本。云上 API 的功能相同，但也允许识别大量文本，例如文档中的文本。与设备 API 相比，云上 API 还支持识别更多的语言。

这些 API 的可能用例是识别图像中的文本，扫描可能嵌入图像中的字符或自动进行烦琐的数据输入。

2．人脸检测

ML Kit 的人脸检测 API 允许检测图像或视频中的脸部。一旦检测到人脸，就可以进行以下改进。

- 特征目标检测：确定脸部内的特定兴趣点（例如眼睛）。
- 分类：根据某些特征（例如睁眼或闭眼）对脸部进行分类。
- 人脸跟踪：在视频的不同帧中识别并跟踪同一人脸（在不同位置）。

人脸检测只能在设备上实时进行。对于移动设备应用程序可能有很多用例，其中，相机将捕获图像并根据目标或分类对其进行操作，以生成自拍、头像等。

3．条码扫描

ML Kit 的条码扫描 API 可以帮助读取使用大多数标准条形码格式编码的数据。它支持线性格式，例如 Codabar、Code 39、Code 93、Code 128、EAN-8、EAN-13、ITF、UPC-A 或 UPC-E，以及 2-D 格式，例如 Aztec、Data Matrix、PDF417 或 QR 码。

API 可以识别和扫描条形码，而不管其方向如何。任何存储为条形码的结构化数据都可以轻松识别。

4．图像标签

ML Kit 的图像标签 API 可以帮助识别图像中的实体。不需要为此实体识别提供任何其他元数据信息。图像标签使读者可以深入了解图像的内容。 ML Kit API 提供了图像中的实体，以及每个实体的置信度（Confidence）得分。

图像标签在设备上和云上均可用，不同之处在于支持的标签数量。设备上的 API 支持大约 400 个标签，而基于云的 API 则最多支持 10000 个标签。

5．地标识别

ML Kit 的地标识别 API 可以帮助识别图像中的知名地标。

当给定图像作为输入时，此 API 将提供在图像中找到的地标以及地理坐标和区域信息，还可以为地标返回知识图实体 ID。该 ID 是一个字符串，用于唯一标识已识别的地标。

6．自定义模型推理

如果现成可用的 API 不足以满足你的用例，则 ML Kit 还提供了创建自定义模型并通过 ML Kit 进行部署的选项。

6.2　使用 Firebase 设备上的 API 创建文本识别应用

要开始使用 ML Kit，需要登录 Google 账户，激活 Firebase 账户，并创建 Firebase 项目。具体步骤如下。

（1）前往 https://firebase.google.com/。

（2）登录 Google 账户（如果尚未登录）。

（3）单击菜单栏中的 Go to console（转到控制台）。

（4）单击 Add project（添加项目）以创建一个项目，并打开它。

现在打开 Android Studio，并创建一个活动为空的项目。记下创建项目时给定的应用程序包名称，如 com.packt.mlkit.textrecognizationondevice。

接下来，转到 Firebase 控制台。在 Project overview（项目概述）菜单中，单击 Add app
（添加应用程序）并提供所需的信息，它将提供一个 JSON 文件进行下载。在 Android
Studio 的项目视图中添加到项目的 app 文件夹，如图 6-4 所示。

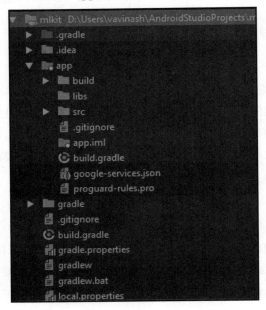

图 6-4

接下来，将以下代码行添加到清单（manifest）文件中。

```
<uses-feature android:name="android.hardware.camera2.full" /<
<uses-permission android:name="android.permission.CAMERA" /<
<uses-permission android:name="android.permission.INTERNET" /<
<uses-permission android:name="android.permission.WRITE_EXTERNAL_STORAGE"
/<
<uses-permission android:name="android.permission.READ_EXTERNAL_STORAGE" /<
```

我们需要这些权限才能使应用程序正常运行。下一行告诉 Firebase 依赖项从 Google
服务器下载文本识别（OCR）模型，并将其保留在设备中以进行推理。

```
<meta-data
    android:name="com.google.firebase.ml.vision.DEPENDENCIES"
     android:value="ocr" /<
```

整个 manifest 文件如下所示。

```xml
<?xml version="1.0" encoding="utf-8"?<
<manifest xmlns:android="http://schemas.android.com/apk/res/android"
    package="com.packt.mlkit.testrecognizationondevice"<

    <uses-feature android:name="android.hardware.camera2.full" /<
    <uses-permission android:name="android.permission.CAMERA" /<
    <uses-permission android:name="android.permission.INTERNET" /<
    <uses-permission
android:name="android.permission.WRITE_EXTERNAL_STORAGE" /<
    <uses-permission
android:name="android.permission.READ_EXTERNAL_STORAGE" /<
    <application
        android:allowBackup="true"
        android:icon="@mipmap/ic_launcher"
        android:label="@string/app_name"
        android:roundIcon="@mipmap/ic_launcher_round"
        android:supportsRtl="true"
        android:theme="@style/AppTheme"<

        <meta-data
            android:name="com.google.firebase.ml.vision.DEPENDENCIES"
            android:value="ocr" /<

        <activity android:name=".MainActivity"<
            <intent-filter<
                <action android:name="android.intent.action.MAIN" /<

                <category android:name="android.intent.category.LAUNCHER"
/<
            </intent-filter<
        </activity<
    </application<

</manifest<
```

现在，需要将 Firebase 依赖项添加到项目中，为此，需要将以下行添加到项目 build.
gradle 文件中。

```
buildscript {
    repositories {
        google()
```

```
        jcenter()
    }
    dependencies {
        classpath 'com.android.tools.build:gradle:3.1.4'
        // 此版本将取决于用户的环境
        classpath 'com.google.gms:google-services:4.0.1'

        // 请注意：不要将应用程序依赖项放在这里
        // 它们属于单独的模块 build.gradle 文件
    }
}
```

然后打开模块应用程序 **build.gradle** 文件，并添加以下依赖项。

```
implementation 'com.google.firebase:firebase-ml-vision:17.0.0'
implementation 'com.google.firebase:firebase-core:16.0.3'
```

再将以下行添加到该文件的底部。

```
apply plugin: 'com.google.gms.google-services'
```

在布局文件中，编写以下.xml 代码以定义元素。

```
<?xml version="1.0" encoding="utf-8"?<
<RelativeLayout
    xmlns:android="http://schemas.android.com/apk/res/android"
    xmlns:tools="http://schemas.android.com/tools"
    android:layout_width="match_parent"
    android:layout_height="match_parent"
    tools:context="(main activity)"< <!--完全合格的主要活动的类名称将在此处出现--<

    <TextureView
        android:id="@+id/preview"
        android:layout_width="match_parent"
        android:layout_height="wrap_content"
        android:layout_above="@id/btn_takepic"
        android:layout_alignParentTop="true"/<

    <Button
        android:id="@+id/btn_takepic"
        android:layout_width="wrap_content"
        android:layout_height="wrap_content"
```

```
        android:layout_alignParentBottom="true"
        android:layout_centerHorizontal="true"
        android:layout_marginBottom="16dp"
        android:layout_marginTop="16dp"
        android:text="Start Labeling"
        /<
</RelativeLayout<
```

现在，编写应用程序的主要活动类。

从 Packt Github 存储库中下载该应用程序的代码，其网址如下。

https://github.com/PacktPublishing/Machine-Learning-for-Mobile/tree/master/mlkit

假设已经熟悉了 Android，因此，接下来使用 Firebase 功能来讨论代码。

```
import com.google.firebase.FirebaseApp;
import com.google.firebase.ml.vision.FirebaseVision;
import com.google.firebase.ml.vision.common.FirebaseVisionImage;
import com.google.firebase.ml.vision.text.FirebaseVisionTextRecognizer;
import com.google.firebase.ml.vision.text.*;
```

将上述代码导入 firebase 库。

```
private FirebaseVisionTextRecognizer textRecognizer;
```

上述代码将声明 Firebase 文本识别器。

```
FirebaseApp fapp = FirebaseApp.initializeApp(getBaseContext());
```

上述代码将初始化 Firebase 应用程序上下文。

```
        textRecognizer =
FirebaseVision.getInstance().getOnDeviceTextRecognizer();
```

上述代码将获取设备上的文本识别器。

```
    takePictureButton.setOnClickListener(new View.OnClickListener() {
        @Override
        public void onClick(View v) {
            takePicture();
            // 在此函数中具有用于解码图片中字符的代码
        }
    });
}
```

上述代码段为拍照按钮注册了单击事件侦听器。

```
Bitmap bmp = BitmapFactory.decodeByteArray(bytes,0,bytes.length);
```

从字节数组创建位图。

```
FirebaseVisionImage firebase_image = FirebaseVisionImage.fromBitmap(bmp);
```

上述代码将创建一个 Firebase 图像对象以通过识别器。

```
textRecognizer.processImage(firebase_image)
```

上述代码可以将创建的图像对象传递到识别器进行处理。

```
.addOnSuccessListener(new OnSuccessListener<FirebaseVisionText<() {
                                        @Override
                                        public void
onSuccess(FirebaseVisionText result) {
// 在收到结果后向用户显示
Toast.makeText(getApplicationContext(),result.getText(),
Toast.LENGTH_LONG).show();
                                        }
                                    })
```

上述代码块将添加成功时侦听器（OnSuccessListener）。它会收到一个 Firebase 视觉文本对象，该对象又以 Toast 消息的形式显示给用户。

```
.addOnFailureListener(
        new OnFailureListener() {
            @Override
            public void onFailure(@NonNull Exception e)
            {
                    Toast.makeText(getApplicationContext(),"Unable to
read the text",Toast.LENGTH_LONG).show();
            }
        });
```

上述代码块将添加失败时侦听器（OnFailureListener），它将接收一个异常对象，该对象又以 Toast 消息的形式向用户显示错误消息。

运行上述代码时，设备中将具有如图 6-5 所示的输出。

请注意，在安装此应用时，用户必须连接到互联网，因为 Firebase 需要将模型下载到用户的设备上。

图 6-5

6.3　使用 Firebase 云端 API 创建文本识别应用

在本节中将把设备上的应用程序（On-Device App）转换为云应用程序（Cloud-Based App）。区别在于，设备上的应用程序会下载模型，并将其存储在设备上，这样可以缩短推理时间，使应用程序可以进行快速预测。

相比之下，基于云的应用程序会将图像上传到 Google 服务器，这意味着将在云上进行推理。如果没有连接到互联网，那么它将无法正常工作。

在这种情况下，为什么要使用基于云的模型？由于在设备上，该模型的空间和处理硬件有限，而 Google 的服务器是可扩展的。Google 云端文本识别器模型还能够解码多种语言。

首先，需要订阅 Google Cloud，请执行以下步骤。

（1）转到 Firebase 项目控制台。

（2）在左侧菜单中，将看到当前正在使用 Spark Plan（免费套餐）。

（3）单击 Upgrade（升级），然后按照说明升级到 Blaze Plan，也就是 pay-as-you-go（即付即用）。

（4）需要提供信用卡或付款明细以进行验证——这些不会自动收费。

（5）订阅后，每月将免费收到 1000 个 Cloud Vision API 请求。

ℹ️ **注意：**

仅当开发人员拥有升级的 Blaze Plan 而不是免费套餐账户时，才能尝试使用此程序。上文给出了创建升级账户的步骤，请按照上述步骤操作以获取升级账户，这样才能尝试给定的程序。

默认情况下，项目应该未启用 Cloud Vision，为此，需要转到以下链接。

https://console.cloud.google.com/apis/library/vision.googleapis.com/?authuser = 0

在顶部的下拉菜单中，选择 Firebase 项目（该项目包含在 6.2 节中添加的 Android 应用程序）。

单击 Enable（启用）为应用程序启用此功能，该页面将类似于如图 6-6 所示的屏幕截图。

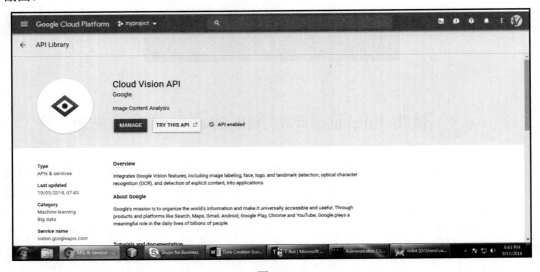

图 6-6

现在返回代码，并进行以下更改。

可以在 Packt Github 存储库中找到该应用程序代码，其网址如下。

https://github.com/PacktPublishing/Machine-Learning-for-Mobile/tree/master/Testrecognizationoncloud

除主要活动外，所有其他文件均未更改。

主要活动的更改如下。

```
import com.google.firebase.FirebaseApp;
import com.google.firebase.ml.vision.FirebaseVision;
import com.google.firebase.ml.vision.common.FirebaseVisionImage;
import com.google.firebase.ml.vision.document.FirebaseVisionDocumentText;
import com.google.firebase.ml.vision.document.FirebaseVisionDocumentTextRecognizer;
```

现在，需要将前面的软件包作为依赖项导入。

```
private FirebaseVisionDocumentTextRecognizer textRecognizer;
```

上述代码将声明文档文本识别器。

```
textRecognizer =
FirebaseVision.getInstance().getCloudDocumentTextRecognizer();
```

上述代码实例化并分配了云文本识别器。

```
    takePictureButton.setOnClickListener(new View.OnClickListener() {
        @Override
        public void onClick(View v) {
            takePicture();
            // 在此函数中具有用于解码图片中字符的代码
        }
    });
}
```

上述代码为拍照按钮注册了单击事件侦听器。

```
Bitmap bmp = BitmapFactory.decodeByteArray(bytes,0,bytes.length);
```

上述代码可以从字节数组创建一个位图。

```
FirebaseVisionImage firebase_image = FirebaseVisionImage.fromBitmap(bmp);
```

上述代码可以创建一个 Firebase 图像对象以通过识别器。

```
textRecognizer.processImage(firebase_image)
```

上述代码可以将创建的图像对象传递到识别器进行处理。

```
.addOnSuccessListener(new OnSuccessListener<FirebaseVisionDocumentText<() {
                                     @Override
                                     public void
onSuccess(FirebaseVisionDocumentText result) {
Toast.makeText(getApplicationContext(),result.getText(),Toast.LENGTH_LONG)
.show();
                                     }
                            })
```

上述代码块将添加成功时侦听器，它将收到 FirebaseVision 文档文本对象，该对象又以 Toast 消息的形式显示给用户。

```
.addOnFailureListener(
        new OnFailureListener() {
            @Override
            public void onFailure(@NonNull Exception e)
            {
                    Toast.makeText(getApplicationContext(),"Unable to
read the text",Toast.LENGTH_LONG).show();
            }
        });
```

上述代码块将添加失败时侦听器，它将接收一个异常对象，该对象又以 Toast 消息的形式向用户显示错误消息。

使用连接互联网的设备运行该代码后，你将获得与以前相同的输出，但这次的结果是来自云端的。

6.4　使用 ML Kit 进行人脸检测

接下来，将尝试理解 ML Kit 进行人脸检测的方式。人脸检测以前是 Mobile Vision API 的一部分，现在已移至 ML Kit。

6.4.1　人脸检测概念

Google Developers 页面将人脸检测定义为在视觉媒体（数字图像或视频）中自动定位和检测人脸的过程。检测到的脸部在报告时将提供位置（包含相关的大小和方向）属性。检测到脸部之后，可以搜索脸部中存在的特征目标，例如眼睛和鼻子。

在继续使用 ML Kit 编程人脸检测之前，需要了解以下重要术语。

❑ 脸部方向（Face Orientation）：以不同角度检测脸部。

❑ 人脸识别（Face Recognition）：确定两幅人脸是否可以属于同一个人。

❑ 人脸追踪（Face Tracking）：指在视频中检测人脸。

❑ 特征目标（Landmark）：指人的脸部中的兴趣点。这对应于人脸的显著特征，例如右眼、左眼和鼻根。

❑ 分类（Classification）：确定是否存在脸部特征，例如睁眼或闭眼、笑脸或严肃表情。

6.4.2　使用 ML Kit 进行脸部检测的示例解决方案

现在打开 Android Studio，并创建一个活动为空的项目。记下创建项目时给定的应用程序包名称，例如 com.packt.mlkit.facerecognization。

在这里将修改文本识别代码以预测脸部，因此，我们不会更改软件包名称和其他内容，而只是代码更改。项目结构与之前显示的相同，如图 6-7 所示。

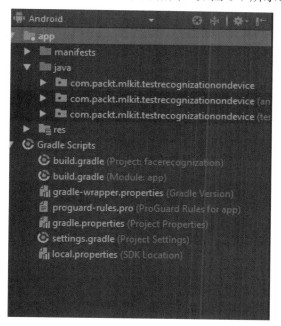

图 6-7

现在是时候编写应用程序的主要活动类了。首先，需要从 Packt GitHub 存储库下载应用程序代码并在 Android Studio 中打开该项目，其网址如下。

https://github.com/PacktPublishing/Machine-Learning-for-Mobile/tree/master/facerecognization

然后，将以下代码行添加到 Gradle 依赖项中。打开模块应用程序的 build.gradle 文件，并添加以下依赖项。

```
implementation 'com.google.android.gms:play-services-vision:11.4.0'
implementation 'com.android.support.constraint:constraint-layout:1.0.2'
```

现在添加 import 语句以进行人脸检测。

```
import com.google.android.gms.vision.Frame;
import com.google.android.gms.vision.face.Face;
import com.google.android.gms.vision.face.FaceDetector;
```

以下语句将声明 FaceDetector 对象。

```
private FaceDetector detector;
```

现在创建一个对象并将其分配给声明的检测器（Detector）。

```
detector = new FaceDetector.Builder(getApplicationContext())
 .setTrackingEnabled(false)
 .setLandmarkType(FaceDetector.ALL_LANDMARKS)
 .setClassificationType(FaceDetector.ALL_CLASSIFICATIONS)
 .build();
```

声明一个字符串对象以将预测消息保存给用户。

```
String scanResults = "";
```

检查检测器是否可运行，以及是否有一个从相机获取的位图对象。

```
if (detector.isOperational() && bmp != null) {
```

然后创建一个帧（Frame）对象，FaceDetector 类的检测方法需要这个 Frame 对象来预测脸部信息。

```
Frame frame = new Frame.Builder().setBitmap(bmp).build();SparseArray<Face>
faces = detector.detect(frame);
```

一旦成功检测到，它将返回脸部对象数组。以下代码可以将每个 nface 对象具有的信息附加到结果字符串中。

```
for (int index = 0; index < faces.size(); ++index) {
    Face face = faces.valueAt(index);
```

```
    scanResults += "Face " + (index + 1) + "\n";
    scanResults += "Smile probability:" + "\n" ;
    scanResults += String.valueOf(face.getIsSmilingProbability()) + "\n";
scanResults += "Left Eye Open Probability: " + "\n";
    scanResults += String.valueOf(face.getIsLeftEyeOpenProbability()) +
"\n";
    scanResults += "Right Eye Open Probability: " + "\n";
    scanResults += String.valueOf(face.getIsRightEyeOpenProbability()) +
"\n";
}
```

如果未返回任何人脸，则将显示以下错误消息。

```
if (faces.size() == 0) {
    scanResults += "Scan Failed: Found nothing to scan";
}
```

如果人脸大小不为 0，则表示它已经遍历了 for 循环，该循环将人脸信息附加到结果文本中。现在将增加面孔总数并结束结果字符串。

```
else {
    scanResults += "No of Faces Detected: " + "\n";
    scanResults += String.valueOf(faces.size()) +
  \n";
    scanResults += "---------" + "\n";
}
```

如果检测器无法运行，则将显示以下错误消息。

```
else {
    scanResults += "Could not set up the detector!";
}
```

最后，以下代码将显示结果。

```
Toast.makeText(getApplicationContext(),scanResults,Toast.LENGTH_LONG).
show();
```

6.4.3　运行应用程序

现在可以运行该应用程序了。首先必须通过手机中的 USB 调试选项将手机连接到台式机，并安装该应用程序，如图 6-8 所示。

在运行该应用程序时，将获得如图 6-9 所示的输出。

图 6-8

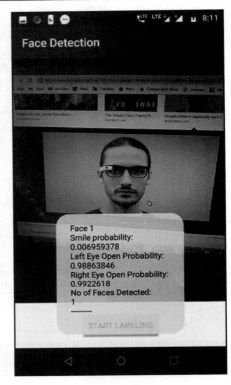

图 6-9

6.5　小　　结

本章详细介绍了 ML Kit SDK，它是 Firebase 在 Google I/O 2018 上发布的。我们讨论了 ML Kit 提供的不同 API，例如图像标签、文本识别、人脸检测、条码扫描和地标识别等。本章分别使用设备上 API 和云端 API 创建了一个文本识别应用程序。我们还通过在文本识别应用程序中进行较小的更改来创建人脸检测应用程序。第 7 章将介绍垃圾邮件分类器，并为 iOS 构建此类分类器的示例实现。

第 7 章　垃圾邮件检测

本章将详细介绍自然语言处理（Natural Language Processing，NLP）技术，并讨论如何将 NLP 与机器学习结合起来以提供问题的解决方案。此外，本章还结合线性支持向量机（Support Vector Machine，SVM）分类模型，提供了利用 NLP 进行垃圾邮件检测的真实案例。该程序将使用 Core ML for iOS 作为移动应用程序实现。

为了处理机器学习算法中的文本，将研究各种 NLP 技术，这些技术将用于文本数据以使其准备好用于学习算法。在准备好文本之后，将看到如何使用线性 SVM 模型对其进行分类。

问题定义：给定批量短消息业务（Short Message Service，SMS）消息数据，这些消息需要分类为垃圾邮件或非垃圾邮件。

本章将讨论以下主题。
- ❑　理解 NLP。
- ❑　理解线性 SVM 算法。
- ❑　在 Core ML 中使用线性 SVM 解决问题。
    - ➢　技术要求。
    - ➢　如何使用 scikit-learn 创建模型文件。
    - ➢　测试模型。
    - ➢　将 scikit-learn 模型导入 Core ML 项目。
    - ➢　编写一个 iOS 移动应用程序，在其中使用 scikit-learn 模型，并进行垃圾邮件检测。

7.1　理解 NLP

NLP 是一个很宏大的主题，对此主题进行面面俱到的介绍超出了本书的范围。但是，在本节中将详细阐释 NLP，并尝试理解使用 NLP 准备和处理文本数据所需的关键概念，以使其准备好供机器学习算法进行预测使用。

7.1.1　关于 NLP

人类社会每天都会生成大量的非结构化文本数据。社交媒体如 Twitter 和 Facebook

之类的网站，以及微信、WhatsApp 之类的通信应用，每天都会生成大量这种非结构化数据，更不用说博客、新闻文章、产品评论、服务评论、广告、电子邮件和短信。总而言之，我们有以 TB 计的大量数据（Huge Data）需要处理。

但是，由于以下原因，计算机无法直接从这些大量数据中获取任何见解，并基于这些见解执行特定的操作。

❑　　数据是非结构化的。

❑　　没有预处理就无法直接理解数据。

❑　　此数据不能以未经处理的形式直接输入到任何机器学习算法中。

为了使这些数据更有意义并从中获取信息，我们使用了 NLP。专注于人类语言与计算机之间相互作用的研究领域称为自然语言处理（NLP）。NLP 是数据科学的一个分支，与计算语言学密切相关。它涉及计算机科学——分析、理解和从基于人类自然语言的数据中获取信息，这些数据通常是非结构化的，例如文本、语音等。

通过 NLP，计算机可以通过分析人类语言来从中获得含义，并可以做很多有用的事情。通过利用 NLP，可以完成许多复杂的任务，例如自动汇总大型文档、翻译、不同质量的非结构化数据之间的关系提取、情感分析和语音识别等。

为了使计算机能够理解和分析人类语言，需要以更加结构化的方式分析句子并理解其核心。无论如何，需要了解以下 3 项核心内容。

❑　　语义信息（Semantic Information）：它是句子中单词的特定含义，需要结合整个句子的含义才能正确理解。例如，The kite flies，在这里，如果不结合上下文的话，就不知道是风筝飞还是鸟飞（在英文中，kite 的含义既可以指风筝，也可以指一种猛禽）。

❑　　句法信息（Syntactic Information）：这是句子中单词的特定句法含义。需要结合整个句子的结构才能正确理解。例如，Sreeja saw Geetha with candy。在这里，如果不结合上下文的话，就无法确定是谁拿着糖果，是 Sreeja，还是 Geetha？

❑　　语用信息（Pragmatic Information）：这与句子的上下文（语言或非语言）有关。这是在句子中使用单词的特定上下文。例如，He is out，在棒球运动中，out 表示出局，而在医疗保健方面，out 表示昏迷。

但是，计算机无法像人类一样分析和识别句子，因此，需要有一种明确定义的方法，使得计算机能够执行文本处理。以下是该练习涉及的主要步骤。

（1）预处理（Processing）。此步骤用于消除句子中的所有噪声，保留句子上下文中唯一的关键信息以供下一步使用。例如，可以从句子中删除诸如 is、the 或 an 之类的语言停止词（中文停止词如"啊""呀"等，它们被视为句子中的"噪声"）以做进一步处理。在处理句子时，人脑并没有考虑语言中出现的噪声。同样，我们也可以将无噪声的文本输入计算机以做进一步的处理。

（2）特征工程（Feature Engineering）。为了使计算机处理预处理的文本，它需要知道句子的关键特征。这是通过特征工程步骤完成的。

（3）NLP 处理。将人类语言转换为特征矩阵之后，计算机可以执行 NLP 处理，该处理可以是分类、情感分析或文本匹配。

接下来，将尝试了解在每个步骤中执行的高级活动。

7.1.2　文本预处理技术

在处理文本之前，需要对其进行预处理。预处理将处理以下内容。

❑　消除文本中的噪声。

❑　规范化（Normalizing）句子。

❑　标准化（Standardizing）句子。

根据要求，还可以有其他步骤，例如语法检查或拼写检查。

1．消除噪声

句子中可能与数据上下文无关的任何文本都可以称为噪声（Noise）。

例如，这可以包括语言停止词（即语言中的常用词 is、am、the、of 和 in 等）、URL 或链接、社交媒体实体（主题标签）和标点符号等。

为了消除句子中的噪声，一般的方法是维护一个噪声词字典，然后针对该字典迭代所考虑句子的标记，并删除匹配的停止词。噪声词的词典会经常更新以覆盖所有可能的噪声。

2．规范化

句子中单词的差异会转换为规范化形式。句子中的单词可能会有所不同，例如 sing、singer、sang 或 singing，但它们或多或少都适合于相同的上下文并且可以标准化。

规范化句子的方法包括以下内容。

❑　词干提取（Stemming）：基于规则从单词中去除后缀（例如，-ing、-ly、-es、-s）的基本过程。

❑　词形还原（Lemmatization）：识别词根形式的更复杂的过程。它涉及更复杂的验证语义和语法的过程。

3．标准化

此步骤涉及对句子进行标准化，以确保其仅包含来自标准语言词典的记号（Token），而不包含任何其他标记，例如主题标签、口语单词等。所有这些都在此步骤中删除。

7.1.3　特征工程

在处理了文本之后，接下来的步骤就是安排文本中的特征，以便可以将其输入任何机器学习算法中以进行分类、聚类等。有多种方法可以将文本转换为特征矩阵，本节将介绍其中的一些方法。

1．实体提取

现在可以从句子中提取将用于 NLP 处理的关键实体。命名实体识别（Named Entity Recognition，NER）就是这样一种方法，其中的实体可以是比较知名的实体，例如地点、人物或历史遗迹等。

2．主题建模

这是从文本语料库中识别主题的另一种方法。主题可以是单个单词、单词模式或同时出现的单词序列。根据主题中的单字的个数，这些词可以称为 N 元模型（N-Gram Model）。因此，基于上下文和可重复性，可以将二元模型（Bigram Model）和三元模型（Trigram Model）用作特征。

3．词袋模型

词袋模型（Bag-Of-Words，BOW）是文本的表示形式，描述了文档中单词的出现。它涉及已知单词的表示以及文档中已知单词存在的度量。该模型更关注文档中已知单词的出现，而不是文档中单词的顺序或单词的结构。

4．统计工程

文本数据也可以使用各种技术表示为数值。大量文本语料库（Corpus）的词频-逆文档频率（Term Frequency-Inverse Document Frequency，TF-IDF）是此类中的一项重要技术。

5．TF-IDF 简介

TF-IDF 是一种加权模型，用于根据文档中单词的出现情况将文本文档转换为矢量模型，而无须考虑文档中文本的确切顺序。

现在，假设有一组 N 个文档和其中任何一个文档 D，然后定义以下内容。

（1）TF

这可以测量术语在文档中出现的频率。由于每个文档的长度都不同，因此长文档中的术语可能比短文档中的术语更多。因此，通常将 TF 除以文档长度以对其进行归一化。

$$TF(t) = (术语\ t\ 在文档(D)中出现的次数)/(文档(N)中的术语总数)$$

（2）逆文档频率（IDF）

它可以衡量术语对语料库的重要性。在计算 TF 时，所有术语都被视为同等重要。当然，一般认为停用词出现的频率更高，但是就 NLP 而言，停用词的重要性就不那么高了。因此，有必要降低普通术语的重要性，并提高稀有术语的重要性，因此，IDF 的计算方式如下。

$$IDF(t) = \lg(文档总数/其中带有术语\ t\ 的文档数)$$

（3）TF-IDF

TF-IDF 给出了术语在语料库（文档列表）中的相对重要性，它由以下公式给出。

$$w_{i,j} = tf_{i,j} \times \log\left(\frac{N}{df_i}\right)$$

其中：

❑ $tf_{i,j}$ 为 i 在 j 中的出现次数。

❑ df_i 为包含 i 的文档数。

❑ N 为文档总数。

💡 提示：

考虑一个包含 1000 个单词的文档，其中单词 rat 出现 3 次，那么 rat 的词频（TF）为 (3/1000) = 0.003。现在，在 10000 个文档中，其中有 1000 个文档出现了单词 cat。因此，逆文档频率（IDF）可计算为 lg(10000/1000) = 1。因此，TF-IDF 权重是这些数量的乘积为 0.003 × 1 = 0.003。

文本语料库中的单词或特征也可以组织为特征向量，以便于输入 NLP 处理的下一步。

7.1.4　分类/聚类文本

最后一步是使用特征工程矩阵或词向量实际执行分类或聚类。我们可以使用任何分类算法并提供特征向量来进行分类或聚类。

与执行聚类相似，可以使用不同的相似性度量，例如余弦距离（Cosine Distance）或编辑距离（Levenshtein Distance）。

7.2　理解线性 SVM 算法

在本书第 2 章 "监督学习和无监督学习算法" 中已经介绍过支持向量机算法，并且对 SVM 模型的工作原理有所了解。线性支持向量机或线性 SVM 是一种线性分类器，它试图找到具有最大余量的超平面，该超平面将输入空间分为两个区域。

TIP 提示：

超平面（Hyperplane）是对平面的概括。在一维空间，超平面称为点（Point）。在二维空间中，它是一条线。在三维空间上，它是一个平面。在更多维度上，则可以将其称为超平面。

如前文所述，SVM 的目标是识别试图找到最大余量的超平面，该最大余量将输入空间分为两个区域。如果输入空间是线性可分离的，则很容易将它们分离。但是，在现实生活中，我们发现输入空间往往是非线性的，如图 7-1 所示。

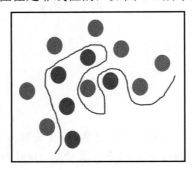

图 7-1

在上面的场景中，SVM 可以通过使用所谓的核技巧（Kernel Trick）帮助我们将深色和浅色的球分开，这是使用线性分类器解决非线性问题的方法。

核函数（Kernel Function）可应用于每个数据实例，以将原始非线性观测值映射到一个更高维度的空间中，在这些空间中它们可以分离。

可用的最受欢迎的核函数包括以下内容。

❑　线性核（Linear Kernel）。

❑　多项式核（Polynomial Kernel）。

❑　RBF（高斯核）。

❑　字符串核（String Kernel）。

通常建议将线性核用于文本分类，因为大多数文本分类问题需要分类为两类，例如，在本章示例中，我们就是希望将 SMS 消息分为垃圾邮件和非垃圾邮件。

7.3　在 Core ML 中使用线性 SVM 解决问题

本节将研究如何使用本章中介绍的所有概念来解决垃圾邮件检测问题。

我们将接收一堆 SMS 消息，并尝试将其分类为垃圾邮件或非垃圾邮件。这是一个分类问题，考虑到使用线性 SVM 算法进行文本分类的优势，可以使用该算法来执行此操作。

我们将使用自然语言处理（NLP）技术将数据 SMS 消息转换为特征向量，以输送到线性 SVM 算法中。可以使用 scikit-learn 向量化（Vectorizer）方法将 SMS 消息转换为 TF-IDF 向量，然后将其输入到线性 SVM 模型中以执行 SMS 垃圾邮件检测（分类为垃圾邮件和非垃圾邮件）。

7.3.1　关于数据

本示例用于创建垃圾邮件检测模型的数据来自以下网站。

http://www.dt.fee.unicamp.br/~tiago/smsspamcollection/

其中包含 747 个垃圾邮件样本以及 4827 个非垃圾邮件样本。

这些邮件来自不同的来源，并标记为垃圾邮件（Spam）和非垃圾邮件（Non-Spam）类别。如果在记事本或任何文本编辑器中打开下载的文件，则可以看到它是以下格式的。

```
ham    What you doing?how are you?
ham    Ok lar... Joking wif u oni...
ham    dun say so early hor... U c already then say...
ham    MY NO. IN LUTON 0125698789 RING ME IF UR AROUND! H*
ham    Siva is in hostel aha:-.
ham    Cos i was out shopping with darren jus now n i called him 2 ask wat
present he wan lor. Then he started guessing who i was wif n he finally
guessed darren lor.
spam   FreeMsg: Txt: CALL to No: 86888 & claim your reward of 3 hours talk
time to use from your phone now! ubscribe6GBP/ mnth inc 3hrs 16
stop?txtStop
spam   Sunshine Quiz! Win a super Sony DVD recorder if you can name the
capital of Australia? Text MQUIZ to 82277. B
spam   URGENT! Your Mobile No 07808726822 was awarded a L2,000 Bonus Caller
```

```
Prize on 02/09/03! This is our 2nd attempt to contact YOU! Call
0871-872-9758 BOX95QU
```

在上述示例中，可以看到每一行都以类别名称开头，然后是实际消息。

7.3.2　技术要求

要创建一个模型来将邮件分类为垃圾邮件或非垃圾邮件，需要一个能够做到这一点的库。在这里，选择了 scikit-Learn。

要编写此应用程序，开发人员需要在桌面上安装 Python 3+版本，并且必须在 Mac 机器上安装 Xcode 9+。如果读者没有这些，请查阅本书的附录以了解如何获取它们。在计算机中安装 Python 之后，可执行以下命令以获取所需的软件包。

```
pip install scikit-learn
pip install numpy
pip install coremltools
pip install pandas
```

使用上述代码，即已安装了 scikit-learn 来访问该算法，并根据 scikit-learn 的要求访问 NumPy，还有 pandas（pandas 是 BSD 许可的开放源代码库，它可以为 Python 编程提供高性能、易于使用的数据结构和数据分析工具），以便从文件中读取模型，并使用 core-ML 工具生成 Core ML 模型文件。

现在，从 7.3.1 节提供的模型链接中将纯文本文件 SMSSpamCollection.txt 下载到磁盘上，并将其放入 project 文件夹中。

7.3.3　使用 Scikit Learn 创建模型文件

在 project 文件夹中，使用以下代码创建 Python 文件以创建模型文件。

```python
# 导入必要的软件包
import numpy as np
import pandas as pd

# 读入并解析数据
raw_data = open('SMSSpamCollection.txt', 'r')
sms_data = []
for line in raw_data:
    split_line = line.split("\t")
    sms_data.append(split_line)
```

```
# 将数据分为消息和标签，训练和测试 y（包含标签）和 x（包含消息文本）

sms_data = np.array(sms_data)
X = sms_data[:, 1]
y = sms_data[:, 0]

# 构建 LinearSVC 模型
from sklearn.feature_extraction.text import TfidfVectorizer
from sklearn.svm import LinearSVC

# 构建数据的 tf-idf 向量表示方式
vectorizer = TfidfVectorizer()

# 将消息文本转换为向量
vectorized_text = vectorizer.fit_transform(X)

text_clf = LinearSVC()
# 拟合模型
text_clf = text_clf.fit(vectorized_text, y)
```

要测试拟合的模型，可以添加以下代码。

```
print text_clf.predict(vectorizer.transform(["""XXXMobileMovieClub: To use
your credit, click the WAP link in the next txt message or click here>>
http://wap.xxxmobilemovieclub.com?n=QJKGIGHJJGCBL"""]))
```

ℹ 注意：

执行上述程序后，它将显示给定的邮件是垃圾邮件还是非垃圾邮件。

7.3.4　将 scikit-learn 模型转换为 Core ML 模型

在 7.3.3 节中，创建了模型以将邮件分类为垃圾邮件和非垃圾邮件。现在需要将其转换为 Core ML 模型，以便可以在 iOS 应用程序中使用它。

要创建 Core ML 模型，可以将以下行添加到前面的代码中并运行它们，这将创建一个 .mlmodel 文件。

```
# 导入库
import coremltools

# 将已经拟合的模型转换为 coreml 模型
```

```
coreml_model = coremltools.converters.sklearn.convert(text_clf, "message",
"spam_or_not")

# 设置模型的参数
coreml_model.short_description = "Classify whether message is spam or not"
coreml_model.input_description["message"] = "TFIDF of message to be
classified"
coreml_model.output_description["spam_or_not"] = "Whether message is spam
or not"

# 保持模型
coreml_model.save("SpamMessageClassifier.mlmodel")
```

现在可以获取生成的 SpamMessageClassifier.mlmodel 文件，并在 Xcode 中使用它。

7.3.5　编写 iOS 应用程序

开发人员可以在以下 GitHub 存储库中获得本 iOS 项目的代码。

https://github.com/PacktPublishing/Machine-Learning-for-Mobile

下载该项目并在 Xcode 中打开它之后，将看到如图 7-2 所示的目录结构。

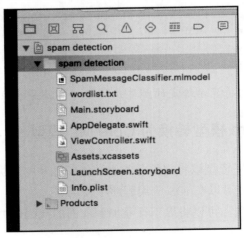

图 7-2

在此需要解释一些重要文件。首先，Main.storyboard 中将包含该应用程序的 UI 设计，如图 7-3 所示。

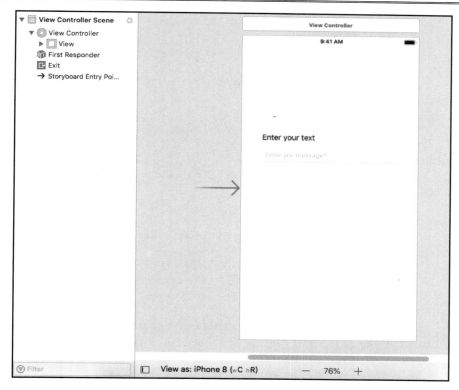

图 7-3

　　在该用户界面中有两个标签、一个按钮和一个文本框。这两个标签是标题标签和结果标签，按钮提交输入并获取结果，我们有一个文本框可以提供一条消息作为输入，主处理过程写在 controller.swift 视图中。

```
// 通用导入
import UIKit
import CoreML


class ViewController: UIViewController {
    // 绑定到 UI 元素
    @IBOutlet weak var messageTextField: UITextField!
    @IBOutlet weak var messageLabel: UILabel!
    @IBOutlet weak var spamLabel: UILabel!

// 该函数将从用户输入中获取文本并将其转换为向量格式，这是模型使用下载的 wordslist.txt
文件和 SMSSpamCollection.txt 文件所需的格式
```

```swift
func tfidf(sms: String) -> MLMultiArray{
    // 获取文件路径
    let wordsFile = Bundle.main.path(forResource: "wordlist", ofType:
"txt")
    let smsFile = Bundle.main.path(forResource: "SMSSpamCollection",
ofType: "txt")
    do {
        // 读取词句文件
        let wordsFileText = try String(contentsOfFile: wordsFile!,
encoding: String.Encoding.utf8)
        var wordsData = wordsFileText.components(separatedBy:
.newlines)
        wordsData.removeLast()        // 训练新行
        // 读取垃圾邮件集合文件
        let smsFileText = try String(contentsOfFile: smsFile!,
encoding: String.Encoding.utf8)
        var smsData = smsFileText.components(separatedBy: .newlines)
        smsData.removeLast()            // 训练新行
        let wordsInMessage = sms.split(separator: " ")
        // 创建多维数组
        let vectorized = try MLMultiArray(shape:
[NSNumber(integerLiteral: wordsData.count)], dataType:
MLMultiArrayDataType.double)
        for i in 0..<wordsData.count{
            let word = wordsData[i]
            if sms.contains(word){
                var wordCount = 0
                for substr in wordsInMessage{
                    if substr.elementsEqual(word){
                        wordCount += 1
                    }
                }
                let tf = Double(wordCount) /
Double(wordsInMessage.count)
                var docCount = 0
                for sms in smsData{
                    if sms.contains(word) {
                        docCount += 1
                    }
                }
                let idf = log(Double(smsData.count) / Double(docCount))
                vectorized[i] = NSNumber(value: tf * idf)
            } else {
```

```
                    vectorized[i] = 0.0
                }
            }
            return vectorized
        } catch {
            return MLMultiArray()
        }
    }
    override func viewDidLoad() {
        super.viewDidLoad()
        // 加载视图后执行任何其他设置，通常是从 Nib 加载
    }
// 单击预测按钮时，将调用此函数
    @IBAction func predictSpam(_ sender: UIButton) {
        let enteredMessage = messageTextField.text!
// 检查并处理空消息
        if (enteredMessage != ""){
            spamLabel.text = ""
        }
// 调用前面的函数将文本转换为向量
        let vec = tfidf(sms: enteredMessage)
        do {
// 将输入传递给模型以获取预测结果
            let prediction = try
SpamMessageClassifier().prediction(message:vec).spam_or_not
            print(prediction)
            if (prediction == "spam"){
                spamLabel.text = "SPAM!"
            }
```

// 我们的模型将 ham 作为非垃圾邮件的标签，因此模型会发送标签 ham。出于显示目的，这里
需要将 ham 转换为 NOT SPAM（非垃圾邮件）

```
            else if(prediction == "ham"){
                spamLabel.text = "NOT SPAM"
            }
        }
        catch{
            // 捕获异常
            spamLabel.text = "No Prediction"
        }
    }
}
```

在 Xcode 模拟器中运行该应用程序时，它将生成如图 7-4 所示的结果。

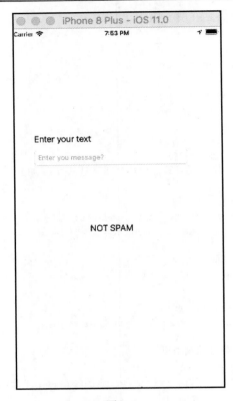

图 7-4

7.4　小　　结

　　本章详细阐述了多项技术的知识要点，例如，从高层次上理解 NLP。NLP 涉及多个步骤，包括文本预处理，以及执行该步骤的技术（例如特征工程和执行特征工程，以及特征向量分类或聚类的方法）。我们还讨论了线性 SVM 算法，详细阐述了 SVM 算法、核函数，并解释了它更适用于文本分类的原因。

　　我们在 Core ML 中使用线性 SVM 解决了本章的问题，并且还演示了在 scikit learn 中开发模型并转换为 Core ML 格式，然后使用线性 SVM 算法模型执行垃圾邮件检测的实际示例。我们使用转换后的 Core ML 模型编写了一个 iOS 应用程序。

　　第 8 章将详细介绍另一个机器学习框架：Fritz，该框架试图解决在模型部署和升级中的常见问题，以及在移动操作系统平台上统一处理机器学习模型的问题。

第 8 章　Fritz

在前面各章中，已经详细讨论了多个面向移动设备的机器学习 SDK，包括由 Google 提供的 TensorFlow for mobile 和 Apple 提供的 Core ML，并对这些 SDK 后面的概念做了很好的阐释。我们研究了这些产品的基本体系结构，它们提供的关键功能，还尝试了使用这些 SDK 的一些任务/程序。基于到目前为止在面向移动设备的机器学习框架和工具上讨论的内容，不难发现一些差距，这些差距使开展面向移动设备的机器学习部署以及后续的维护和支持变得比较困难，试举例如下。

❑ 一旦创建了机器学习模型，并将其导入 Android 或 iOS 应用程序中，如果需要对导入到移动应用程序中的模型进行任何更改，那么该如何解决此更改并将其升级到在现场部署和使用的应用程序？在不重新部署移动应用程序商店（Apple App Store 或 Google Play Store）中的应用程序的情况下，如何更新/升级模型？

❑ 一旦机器学习模型在现场并被用户在现场使用，该如何在实时用户场景中监视模型的性能和使用情况？

❑ 另外，开发人员可能已经体验到，在 iOS 和 Android 中使用机器学习模型的过程和机制并不相同。同样，使机器学习模型使用多种机器学习框架（例如 TensorFlow 和 scikit-learn）创建的机制也不同，使其与 TensorFlow Lite 和 Core ML 兼容的机制也有所不同。开发人员没有可以遵循的通用流程和使用模式来跨框架创建和使用这些模型。有鉴于此，可以认为，如果有一种通用的方法来使用来自不同供应商的机器学习模型，使用相同的流程和机制，那么这将会更加简单。

Fritz 平台已尝试解决在机器学习模型的使用和部署中观察到的所有前面提到的差距。Fritz 作为机器学习平台，试图提供解决方案以促进机器学习模型在移动应用程序中的使用和部署。它是一个移动机器学习平台，具有现成可用的机器学习功能，以及用于导入和使用自定义机器学习模型（包括 TensorFlow for mobile 和 Core ML 模型）的选项。

本章将讨论以下内容。

❑ 了解 Fritz 移动机器学习平台，其功能和优势。

❑ 使用通过 Core ML 创建的回归模型探索 Fritz，并实现 iOS 移动应用程序。

❑ 使用通过 TensorFlow for mobile 创建的示例 Android 模型探索 Fritz，并实现

Android 移动应用程序。

8.1　关于 Fritz

Fritz 是一个免费的端到端平台，它使开发人员能够轻松创建基于机器学习的移动应用程序。它是一个启用设备上机器学习的平台，也就是说，它有助于创建可以完全在移动设备上运行的机器学习应用程序，同时它支持 iOS 和 Android 平台。

8.1.1　预建机器学习模型

Fritz 提供了可直接用于面向移动设备的应用程序的内置机器学习模型。以下是 Fritz 支持的两个重要模型。

❑ 对象检测（Object Detection）：可以在图像或实时视频的每一帧中识别感兴趣的对象。这可以帮助用户了解图像中有哪些对象，以及它们在图像中的位置。对象检测功能可完全在设备上进行预测，无须互联网连接。

❑ 图像标记（Image Labeling）：可以识别图像的内容或实时视频的每一帧，这也可以完全离线工作，不需要互联网连接。

8.1.2　使用自定义模型的能力

Fritz 使开发人员能够将为 Core ML、TensorFlow for mobile 和 TensorFlow Lite 构建的模型导入移动应用程序中，并提供可以直接与这些模型进行交互的 API。

8.1.3　模型管理

Fritz 的主要优点是它支持机器学习模型管理和实时升级。

❑ 它使开发人员能够实地升级已部署的机器学习模型，也就是说，它使开发人员可以快速升级或更改机器学习模型，而无须在移动应用程序商店中进行应用程序的升级和重新部署。

❑ 它为开发人员提供了监视部署到现场的机器学习模型性能的工具。

❑ 它有助于部署、分析和管理机器学习模型。

8.2　使用 Fritz 的实战示例

本节将尝试使用 Fritz 以及已经通过 Core ML 和 TensorFlow 创建的模型，并使用 Fritz 构建 iOS 和 Android 移动应用程序。除此之外，还将讨论如何使用 Fritz 内置模型，例如对象检测和图像标记。

8.2.1　通过 Fritz 使用现有的 TensorFlow for mobile 模型

本节将探讨如何通过 Fritz 使用 TensorFlow for mobile 模型（该模型已经使用 Fritz 工具包在 Android 移动应用程序中创建）。我们将采用由 TensorFlow for mobile 创建的示例模型来进行 $(a+b)^2$ 计算。以下将详细介绍实现此目标所需的详细步骤。

1．在 Fritz 注册

为了使用 Fritz，开发人员必须在 Fritz 网站门户上注册一个账户，其操作步骤如下。

（1）前往 https://fritz.ai/。

（2）单击顶部菜单上的 Login（登录）。

（3）单击 Create an account（创建账户）。

（4）输入详细信息并提交。

（5）在 Fritz 中创建一个新项目。

拥有账户后，请使用凭据登录，然后执行以下步骤。

（1）单击 Add A New Project（添加新项目）按钮。

（2）输入项目名称和组织。

（3）单击 Submit（提交）。

2．上传模型文件

（1）单击左侧菜单中的 Custom Models（自定义模型）。

（2）给出模型名称和描述。

（3）上传模型文件（扩展名为.pb 或.tflite）。

（4）单击 Create model file（创建模型文件）按钮。

上传后，模型页面如图 8-1 所示。

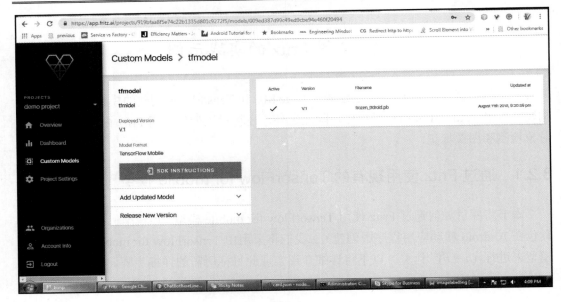

图 8-1

在这里，使用的是与本书第 3 章"iOS 上的随机森林"中创建的模型相同的 TensorFlow for Android 模型，其 GitHub 存储库地址如下。

https://github.com/PacktPublishing/Machine-Learning-for-Mobile/blob/master/tensorflow%20simple/tensor/frozen_tfdroid.pb

3．设置 Android 并注册应用

我们已经创建了一个项目并为其添加了模型。现在来看一看如何在 Android 项目中使用此模型。首先需要将本书第 3 章"iOS 上的随机森林"中讨论过的 TensorFlow 简单示例转换为 fritz 格式。请在 Android Studio 中打开该示例。

如果开发人员还没有该示例，则可以从以下 GitHub 存储库地址下载。

https://github.com/PacktPublishing/Machine-Learning-for-Mobile/tree/master/tensorflow%20simple

在上述路径的 TensorFlow 示例中有可以在 Android Studio 中打开的 Android 项目。

4．添加 Fritz 的 TFMobile 库

本节将把这个项目转换为 Fritz 管理的项目。在模型页面中，单击 SDK INSTRUCTIONS（SDK 用法说明）按钮，它将打开一个对话框，显示集成信息，如图 8-2 所示。

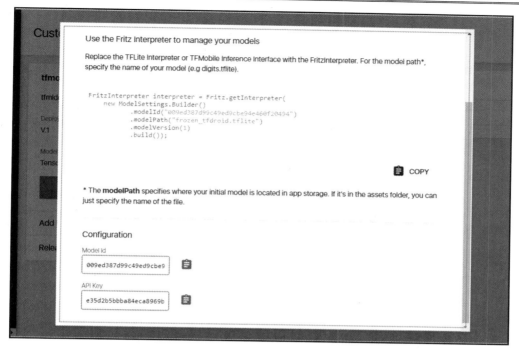

图 8-2

在该界面中可以看到 API Key（对于该项目而言是唯一的）、Model Id（上传的每个模型都会更改）以及创建解释器的代码。

5．向项目添加依赖项

为了访问 Fritz 解释器（Interpreter），开发人员需要向项目添加依赖项。方法是打开模块应用程序的 build.gradle 文件，然后添加一个指向 Fritz Maven 存储库的存储库条目。需要添加的代码如下。

```
repositories {
    maven { url "https://raw.github.com/fritzlabs/fritz-repository/master"
}
}
```

现在添加 Fritz 依赖项。

```
dependencies {
    implementation fileTree(dir: 'libs', include: ['*.jar'])
    implementation 'com.android.support:appcompat-v7:27.1.0'
    implementation 'com.android.support.constraint:constraint-layout:
```

```
1.1.2'
    implementation 'ai.fritz:core:1.0.0'
    implementation 'ai.fritz:custom-model-tfmobile:1.0.0'
    implementation 'com.stripe:stripe-android:6.1.2'
}
```

通过上述代码，添加了 Fritz 核心库和 tfmobile 库。Fritz 核心库需要与 Fritz 云服务器进行通信，以下载模型文件进行版本管理。在使用 TensorFlow 移动模型时需要 tfmobile 库，并且需要 TensorFlow 库进行推理。

6. 在 Android Manifest 中注册 FritzJob 服务

如前文所述，当应用程序部署在 Fritz 云服务器中时，它将下载模型文件。为此，Fritz 实现了一个名为 FritzJob Service 的服务，该服务将在后台运行。当发现在 Web 控制台中部署了新模型时，它将在设备连接到 Wi-Fi 后尝试下载它。

要登录 Fritz 云账户，用户的应用程序需要一些凭据。为此，Fritz 提供了一个 API 密钥。我们需要在 Android Manifest XML 文件中添加一个 meta 条目，如下所示。

```
<meta-data android:name="fritz_api_key"
android:value="6265ed5e7e334a97bbc750a09305cb19" />
```

单击 SDK INSTRUCTIONS（SDK 用法说明）按钮时，需要用浏览器中上一个对话框获得的 Fritz API 密钥的值替换它。

还需要声明 Fritz 作业，如下所示。

```
<service
    android:name="ai.fritz.core.FritzJob"
    android:exported="true"
    android:permission="android.permission.BIND_JOB_SERVICE" />
```

由于应用程序需要通过 Wi-Fi 连接到云服务器，因此还需要设置互联网访问权限，具体如下所示。

```
<uses-permission android:name="android.permission.INTERNET"/>
```

现在，整个清单（Manifest）文件将如下所示。

```
<?xml version="1.0" encoding="utf-8"?>
<manifest xmlns:android="http://schemas.android.com/apk/res/android"
    package="org.packt.fritz.samplefritzapp">

    <uses-permission android:name="android.permission.INTERNET"/>

    <application
```

```
        android:allowBackup="true"
        android:icon="@mipmap/ic_launcher"
        android:label="@string/app_name"
        android:roundIcon="@mipmap/ic_launcher_round"
        android:supportsRtl="true"
        android:theme="@style/AppTheme">
        <activity android:name=".MainActivity">
            <intent-filter>
                <action android:name="android.intent.action.MAIN" />

                <category android:name="android.intent.category.LAUNCHER" />
            </intent-filter>
        </activity>
        <meta-data android:name="fritz_api_key"
android:value="6265ed5e7e334a97bbc750a09305cb19" />
        <service
            android:name="ai.fritz.core.FritzJob"
            android:exported="true"
            android:permission="android.permission.BIND_JOB_SERVICE" />
    </application>

</manifest>
```

7. 用 Fritz 解释器替换 TensorFlowInferenceInterface 类

打开应用程序的主要活动并进行以下更改。

```
package org.packt.fritz.samplefritzapp;

import android.os.Bundle;
import android.support.v7.app.AppCompatActivity;
import android.view.View;
import android.widget.Button;
import android.widget.EditText;
import android.widget.TextView;
import android.widget.Toast;

import org.tensorflow.contrib.android.TensorFlowInferenceInterface;

import ai.fritz.core.*;
import ai.fritz.customtfmobile.*;
```

在上面的 import 语句中，为 Fritz 核心库和 Fritz 自定义模型库添加了导入，并且还使用了 Google TensorflowInfereceInterface。

```
public class MainActivity extends AppCompatActivity {

private TensorFlowInferenceInterface inferenceInterface;

 static {
System.loadLibrary("tensorflow_inference");
 }
```

在上面的几行中，声明了 TensorFlow 推理接口，并加载了 tensorflow_inference 库，该库是可选的，这可以由 Fritz 本身隐式完成。

```
@Override
protected void onCreate(Bundle savedInstanceState) {
        super.onCreate(savedInstanceState);
setContentView(R.layout.activity_main);
Fritz.configure(this);
```

在上面的代码中，已经配置了 Fritz 服务并将其与应用程序链接。在这里，它将验证是否将应用程序包名称添加到 Fritz 控制台。

在这种情况下，需要在 Fritz Web 控制台的项目左侧菜单中单击 Project Settings（项目设置）。然后，单击 Add android app（添加 Android 应用程序），这将打开一个对话框，如图 8-3 所示。

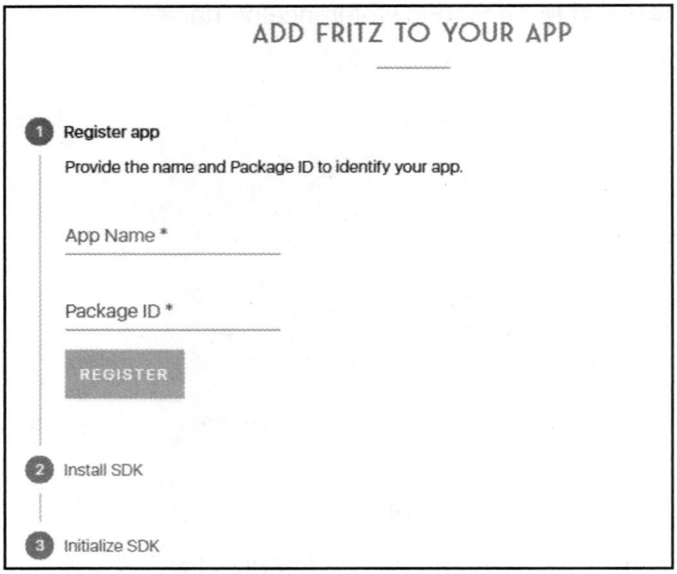

图 8-3

在这种情况下，用户需要为自己的应用程序命名以供识别。然后，需要从 Android 清单文件中获取包名称，并将其输入到 Package ID（包 ID）文本字段中。

可以从清单文件的 manifest 标签中获得这一特定代码，如下所示。

```
<?xml version="1.0" encoding="utf-8"?>
<manifest xmlns:android="http://schemas.android.com/apk/res/android"
    package="org.packt.fritz.samplefritzapp">
```

注册之后，返回我们的代码。

```
try {

FritzTFMobileInterpreter interpreter =
FritzTFMobileInterpreter.create(this.getApplicationContext(),
 new ModelSettings.Builder()
.modelId("2a83207a32334fceaa29498f57cbd9ae")
.modelPath("ab2.pb")
.modelVersion(1)
.build());
```

在这里，我们为 Fritz 模型创建一个对象。 第一个参数是应用程序上下文对象，第二个参数是模型信息对象。

在模型设置中，我们将提供模型 ID，这可以从单击 Fritz Web 控制台的模型页面中的 SDK INSTRUCTIONS（SDK 用法说明）按钮时显示的对话框中获得。

另一个重要的东西是模型路径。这是放置在 assets 文件夹中的模型文件名。

```
inferenceInterface = interpreter.getInferenceInterface();
```

在上面的行中，将获取 TensorFlow 推理接口（inferenceInterface）对象，并将其分配给全局声明的变量。

```
final Button button = (Button) findViewById(R.id.button);

button.setOnClickListener(new View.OnClickListener() {
public void onClick(View v) {

final EditText editNum1 = (EditText) findViewById(R.id.editNum1);
final EditText editNum2 = (EditText) findViewById(R.id.editNum2);

float num1 = Float.parseFloat(editNum1.getText().toString());
float num2 = Float.parseFloat(editNum2.getText().toString());
```

```
long[] i = {1};

int[] a = {Math.round(num1)};
int[] b = {Math.round(num2)};

inferenceInterface.feed("a", a, i);
inferenceInterface.feed("b", b, i);

inferenceInterface.run(new String[]{"c"});

int[] c = {0};
inferenceInterface.fetch("c", c);

final TextView textViewR = (TextView) findViewById(R.id.txtViewResult);
textViewR.setText(Integer.toString(c[0]));
 }
});
 }
 catch (Exception ex)
{
Toast.makeText(this.getApplicationContext(),ex.toString(),Toast.LENGTH_
LONG).show();

 }

 }

 }
```

在上面的代码块中，注册了一个事件侦听器，每当用户单击 Run（运行）按钮时，该侦听器将执行推理。

8. 生成并运行应用程序

要查看结果，请连接设备并运行项目，它将显示如图 8-4 所示的结果。

9. 部署模型的新版本

Fritz 真正强大的地方在于它能自动下载修订的模型文件。接下来，将演示这一点。

到目前为止，已经上传了旧的 $(a+b)^2$ 模型并进行了推理。现在，将其更新为 $(a+b)^3$，并检查应用程序是否会自动下载修改后的模型。

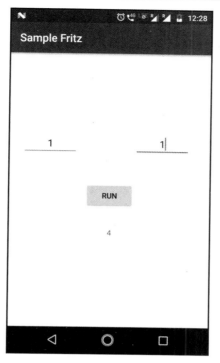

图 8-4

　　为此，需要创建 $(a+b)^3$ 模型。首先，需要复习本书第 4 章"在 Android 中使用 TensorFlow"的创建和保存模型部分，在其中创建了 $(a+b)^2$ 模型，现在可以进行一个很小的更改以转换此模型。

```
import tensorflow as tf

a = tf.placeholder(tf.int32, name='a') # 输入
b = tf.placeholder(tf.int32, name='b') # 输入
times = tf.Variable(name="times", dtype=tf.int32, initial_value=3)
c = tf.pow(tf.add(a, b), times, name="c")

saver = tf.train.Saver()
init_op = tf.global_variables_initializer()
with tf.Session() as sess:
    sess.run(init_op)

    tf.train.write_graph(sess.graph_def, '.', 'tfdroid.pbtxt')
    sess.run(tf.assign(name="times", value=3, ref=times))
```

```
# 保存图

# 保存检查点文件以存储上面的赋值
saver.save(sess, './tfdroid.ckpt')
```

ℹ️ **注意**：

在上面的程序中，所做的唯一更改是对 times 变量的值进行了更改，该值现在为 3。这将导致将 $(a + b)$ 相乘 3 次，得出 $(a + b)^3$。请参阅本书第 4 章 "在 Android 中使用 TensorFlow"，以获取有关如何运行和生成 .pb 扩展模型文件的说明。

一旦获得了 Frozen_tfdroid.pb 文件，就可以从模型页面的 Fritz Web 控制台上传该文件，如图 8-5 所示。

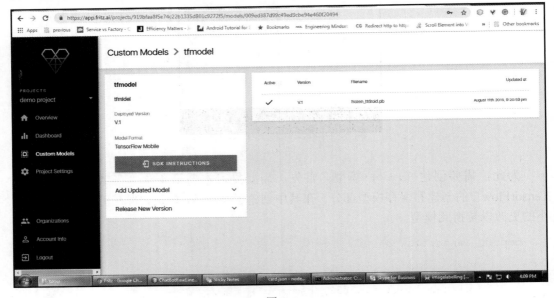

图 8-5

展开 Add Updated Model（添加更新的模型）窗格并上传生成的模型，它将作为 v2 版本添加在右侧表中，如图 8-6 所示。

现在，已经上传了该模型的修订版，但尚未发布。为此，需要展开 Release New Version（发布新版本）窗格并发布所需的版本。

完成此操作后，安装了应用程序的所有移动设备都将通过 Wi-Fi 网络与互联网建立连接，然后下载发布的模型。

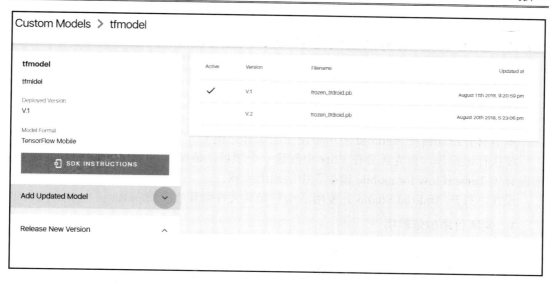

图 8-6

如图 8-7 所示就是连接到 Wi-Fi 路由器并重新启动应用程序时得到的结果。

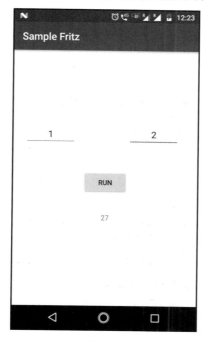

图 8-7

8.2.2　使用 Fritz 预制模型创建 Android 应用程序

Fritz 为 iOS 和 Android 提供了两种预构建的模型。

❑　图像标记。

❑　对象检测。

本节将介绍如何在 Android 应用中使用图像标记模型。

要执行该操作，首先需要在 Fritz 中创建一个项目。请参考第 8.2.1 节 "通过 Fritz 使用现有的 TensorFlow for mobile 模型" 中给出的步骤。

现在，打开 Android Studio 并使用活动和布局文件创建一个空项目。

1. 向项目添加依赖项

为了访问上面的对话框中显示的 Fritz 解释器，需要向项目添加依赖项。要执行该操作，请打开模块应用程序的 build.gradle 文件。

用户需要添加一个指向 Fritz Maven 存储库的存储库条目，添加代码如下。

```
repositories {
    maven { url "https://raw.github.com/fritzlabs/fritz-repository/master"
}
}
```

现在添加以下 Fritz 依赖项。

```
dependencies {
    implementation fileTree(dir: 'libs', include: ['*.jar'])
    implementation 'com.android.support:appcompat-v7:26.1.0'
    implementation 'com.android.support.constraint:constraint-layout:
1.1.2'
    implementation 'ai.fritz:core:1.0.1'
    implementation 'ai.fritz:vision-label-model:1.0.1'
}
```

在上面的代码行中，添加了 Fritz Core 库和 Fritz Vision 库进行标记。Fritz Core 库需要与 Fritz 云服务器通信，以便下载模型文件进行版本管理。

用于标记的 Fritz Vision 库将下载所需的库，例如 TensorFlow 移动版和 Vision 依赖项。

2. 在 Android 清单中注册 FritzJob 服务

如前文所述，当应用程序部署在 Fritz 云服务器中时，它将下载模型文件。为此，Fritz 实现了一个名为 FritzJob 的服务。该服务将在后台运行，当它发现在 Web 控制台中部署了新模型时，将在通过 Wi-Fi 网络连接设备时尝试下载该模型。

要登录云账户时，应用程序需要一些凭据，为此，Fritz 提供了一个 API 密钥。我们需要向 Android 清单 XML 文件中添加一个元数据（Meta-Data）条目，如下所示。

```
<meta-data
    android:name="fritz_api_key"
    android:value="e35d2b5bbba84eca8969b7d6acac1fb7" />
```

单击 SDK INSTRUCTIONS（SDK 用法说明）时，需要用浏览器中上一个对话框获得的 Fritz API 密钥的值替换它。

我们需要声明 Fritz 作业，如下所示。

```
<service
    android:name="ai.fritz.core.FritzJob"
    android:exported="true"
    android:permission="android.permission.BIND_JOB_SERVICE" />
```

由于应用程序需要通过 Wi-Fi 连接到云服务器，因此还需要设置互联网访问权限，具体如下所示。

```
<uses-permission android:name="android.permission.INTERNET"/>
```

还需要添加以下代码。

```
<uses-sdk android:minSdkVersion="21" android:targetSdkVersion="21" />
<uses-feature android:name="android.hardware.camera2.full" />
<uses-permission android:name="android.permission.CAMERA" />
```

在 Android 中，相机处理机制已更改为 camera2 包，并且上面的代码行指定了要使用的 camera2 功能。要了解更多信息，可以访问以下地址。

https://developer.android.com/reference/android/hardware/camera2/CameraCharacteristics#INFO_SUPPORTED_HARDWARE_LEVEL

因此，要访问相机，还需要添加相机权限。

现在，整个清单文件将如下所示。

```
<?xml version="1.0" encoding="utf-8"?>
<manifest xmlns:android="http://schemas.android.com/apk/res/android"
    package="com.example.avinaas.imagelabelling">

    <uses-sdk android:minSdkVersion="21" android:targetSdkVersion="21" />
    <uses-feature android:name="android.hardware.camera2.full" />
    <uses-permission android:name="android.permission.CAMERA" />
    <uses-permission android:name="android.permission.INTERNET" />
```

```xml
<application
    android:allowBackup="true"
    android:icon="@mipmap/ic_launcher"
    android:label="@string/app_name"
    android:roundIcon="@mipmap/ic_launcher_round"
    android:supportsRtl="true"
    android:theme="@style/AppTheme">
    <activity android:name=".MainActivity">
        <intent-filter>
            <action android:name="android.intent.action.MAIN" />

            <category android:name="android.intent.category.LAUNCHER"
/>

        </intent-filter>
    </activity>
    <meta-data
        android:name="fritz_api_key"
        android:value="e35d2b5bbba84eca8969b7d6acac1fb7" />
    <service
        android:name="ai.fritz.core.FritzJob"
        android:exported="true"
        android:permission="android.permission.BIND_JOB_SERVICE" />
</application>

</manifest>
```

3. 创建应用程序布局和组件

在位于 asset/layouts 文件夹的 activity_main.xml 文件中，输入以下代码。

```xml
<?xml version="1.0" encoding="utf-8"?>
<RelativeLayout
    xmlns:android="http://schemas.android.com/apk/res/android"
    xmlns:tools="http://schemas.android.com/tools"
    android:layout_width="match_parent"
    android:layout_height="match_parent"
    tools:context="com.example.avinaas.imagelabelling.MainActivity">

<TextureView
    android:id="@+id/preview"
    android:layout_width="match_parent"
    android:layout_height="wrap_content"
    android:layout_above="@id/btn_takepic"
```

```
    android:layout_alignParentTop="true"/>

    <Button
        android:id="@+id/btn_takepic"
        android:layout_width="wrap_content"
        android:layout_height="wrap_content"
        android:layout_alignParentBottom="true"
        android:layout_centerHorizontal="true"
        android:layout_marginBottom="16dp"
        android:layout_marginTop="16dp"
        android:text="Start Labeling"
        />
</RelativeLayout>
```

ⓘ 注意:

在上面的 XML 工具中，上下文值需要随 main 活动而变化。

在上面的 XML 中，添加了一个用于接收事件的按钮和一个纹理视图，该视图用作相机流的占位符。

上面布局的设计视图如图 8-8 所示。

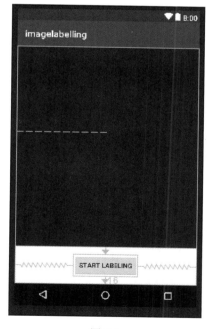

图 8-8

4．编写应用程序代码

该应用程序的代码可以在本书 GitHub 存储库中找到，其网址如下。

https://github.com/PacktPublishing/Machine-Learning-for-Mobile/tree/master/Fritz/image labelling/imagelabelling

下载代码之后，可以在 Android Studio 中将其打开，然后就可以在 MainActivity.java 中找到该代码。

为了解释整个代码，它可能会处理更多的 Android 代码。在这里，可以找到重要代码块的说明。

```
Fritz.configure(this.getApplicationContext());
```

oncreate 方法中的上一行将初始化 Fritz 框架。

```
options = new FritzVisionLabelPredictorOptions.Builder()
        .confidenceThreshold(0.3f)
        .build();
```

上面的代码行将为标记预测变量创建配置选项。

```
visionPredictor =
FritzVisionLabelPredictor.getInstance(this.getApplicationContext(),
options);
```

创建预测变量的实例。

```
Bitmap bmp = BitmapFactory.decodeFile(file.getPath());
```

将图像保存到文件并将其转换为位图。

```
FritzVisionImage img = FritzVisionImage.fromBitmap(bmp);
List<FritzVisionLabel> labels = visionPredictor.predict(img);
```

将位图图像转换为 Fritz Vision 图像，并将该图像对象提供给预测变量的 predit 方法，该方法进而将预测的标签作为列表返回：

```
String output="";

for(FritzVisionLabel lab: labels)
{
    output = output + lab.getText()+"\t Confidence: "+ lab.getConfidence();
}

if(output.trim().length()==0)
```

```
{
    output = "Unable to predict.";
}
Toast.makeText(MainActivity.this, output, Toast.LENGTH_LONG).show();
```

当预测变量返回 Fritzvisionlabel 对象列表时，需要对其进行解码并将其显示给用户。
上面的代码在 Toast 消息中向用户显示了内容和可信度百分比。

一旦运行该应用程序，从相机捕获的图像帧将显示在布局中创建的纹理视图中。

单击 start labelling（开始标记）按钮之后，它将图像保存到磁盘，并将相同的图像输
入到 Fritzvisionlabel 预测器中。接收到预测结果之后，将对其进行解释并以 Toast 消息的
形式向用户显示。

为了使上面的应用程序正常工作，需要将此应用程序添加到 Fritz 项目中。

要执行该操作，请在 Fritz Web 控制台中单击项目左侧菜单中的 Project Settings（项
目设置）。

然后，单击 Add android app to your project（添加 Android 应用程序到你的项目），
这将打开一个对话框，如图 8-9 所示。

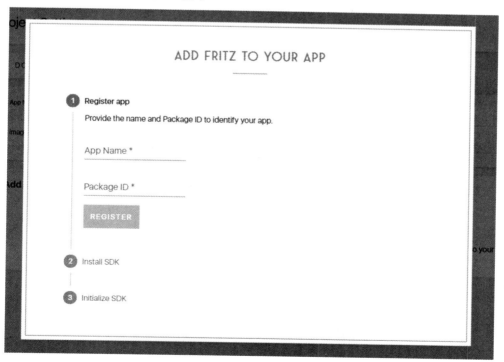

图 8-9

在这种情况下，用户需要为自己的应用程序命名，以供识别。然后，还需要从 Android 清单文件中获取包名称，再在 Package ID 文本字段中输入该名称。

这可以从清单文件的 manifest 标签中获得，如下所示。

```
<?xml version="1.0" encoding="utf-8"?>
<manifest xmlns:android="http://schemas.android.com/apk/res/android"
    package="com.example.avinaas.imagelabelling">
```

一旦注册了应用程序，就可以通过将 Android 设备连接到 PC 并启用 USB 调试选项来运行并查看结果。

确保在 Android Studio 中禁用 Instant run（即时运行）选项，这可以通过文件菜单中的设置选项来完成。

成功运行该应用程序后，其结果将如图 8-10 所示。

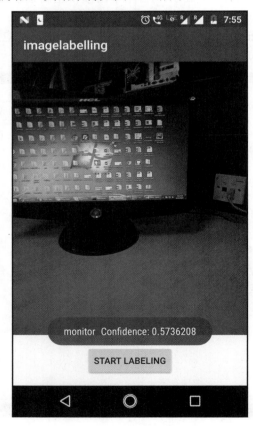

图 8-10

8.2.3　在使用 Fritz 的 iOS 应用程序中使用现有的 Core ML 模型

本节将介绍如何在使用 Fritz 工具包的 iOS 移动应用程序中使用现有的 Core ML 模型。我们将采用由 Core ML 创建的 HousePricer.ml 模型，该模型是通过 Boston 数据集创建的，并可以使用线性回归算法执行房价预测。下面将详细说明实现此目标所需的步骤。

请从以下位置下载 GitHub 包，它包括可以进行房价预测的线性回归示例的源代码。

https://github.com/PacktPublishing/Machine-Learning-for-Mobile/tree/master/housing%20price%20prediction/sample

1．在 Fritz 注册

要使用 Fritz，开发人员必须在 Fritz Web 门户中注册一个账户。

（1）转到 https://fritz.ai/。

（2）单击顶部菜单上的 Login（登录）。

（3）单击 Create an account（创建账户）。

（4）输入你的详细信息并提交。

2．在 Fritz 中创建一个新项目

拥有账户后，请使用凭据登录并执行以下步骤。

（1）单击 Add new project（添加新项目）按钮。

（2）输入项目名称和组织。

（3）单击 Submit（提交）。

3．上传模型文件

以下是上传模型文件的步骤。

（1）单击左侧菜单中的 Custom Models（自定义模型）。

（2）给出模型名称和描述。

（3）上传模型文件（HousePricer.mlmodel），该模型文件是在本书第 5 章"在 iOS 中使用 Core ML 进行回归"中创建第一个线性回归程序并且运行之后生成的。

🛈 注意：

开发人员也可以在以下目录中找到该模型文件。

https://github.com/PacktPublishing/Machine-Learning-for-Mobile/tree/master/housing%20price%20prediction/sample/sample

（4）单击 Create model file（创建模型文件）按钮。

上传后，模型页面将如图 8-11 所示。

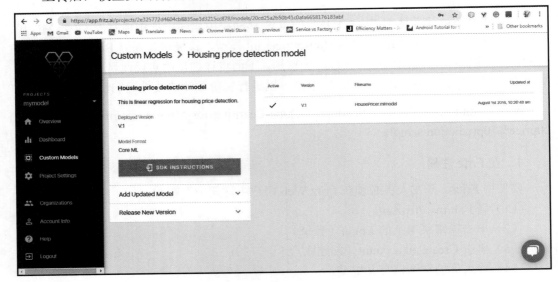

图 8-11

4．创建一个 Xcode 项目

现在，在 Xcode 中打开下载的项目，该项目将如图 8-12 所示。

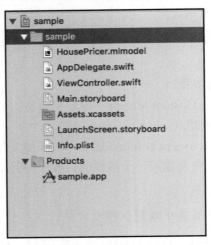

图 8-12

5．安装 Fritz 依赖项

要安装 Fritz 依赖项，请从 Fritz 下载模型的 pod 文件。为此，开发人员需要将 iOS 项目添加到 Fritz 项目。可以在 Fritz 控制台的项目设置页面中执行此操作。

在项目设置页面中，单击 Add an iOS project（添加一个 iOS 项目）按钮。然后，在打开应用程序时，使用 Xcode 中显示的应用名称填写对话框。用你可以从构建设置中获得的捆绑 ID 填写此信息，如图 8-13 所示。

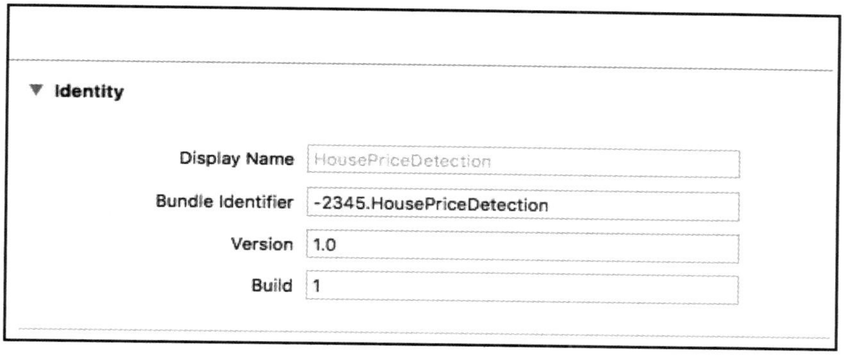

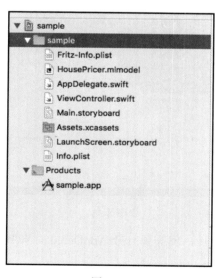

图 8-13

现在已经可以下载 Fritz-info.plist 文件了。将此文件添加到 Xcode 的项目文件夹中，如图 8-14 所示。

图 8-14

在此之后，需要关闭 Xcode，从终端导航到项目文件夹，并逐个给出以下命令。

```
$ pod init
$ pod 'Fritz'
$ pod install
```

这将为用户的应用程序创建一个.xcworkspace 文件，此文件将来可用于用户的应用程序的所有开发。

现在关闭 Xcode 应用程序，并使用此文件重新打开项目。

6. 添加代码

在 Fritz 控制台中打开模型控制台。它有一个 SDK INSTRUCTIONS（SDK 用法说明）按钮，单击它会打开一个对话框，如图 8-15 所示。在该对话框中，可以使用显示的文件名创建一个新文件，并在其中粘贴/编写代码。

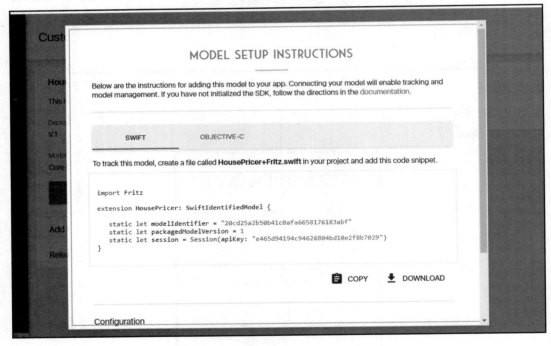

图 8-15

现在，一旦添加了此文件，就需要打开 AppDelegate.swift 并进行以下修改。

❑　添加一个新的导入。

❑　导入 Fritz。

❑ 在应用程序中委托类。

```
func application(_application : UIApplication,
didFinishLaunchingWithOptions launchOptions:
[UIApplication.LauncgOptionsKey: Any])
```

替换以前的方法定义，如下所示。

```
func application(_ application: UIApplication,
didFinishLaunchingWithOptions launchOptions:
[UIApplication.LaunchOptionsKey: Any]?)
-> Bool {
FritzCore.configure()
return true
}
```

7. 生成并运行 iOS 移动应用程序

与构建 iOS 移动应用程序的方式类似，可以在模拟器中构建和运行项目，其结果如图 8-16 所示。

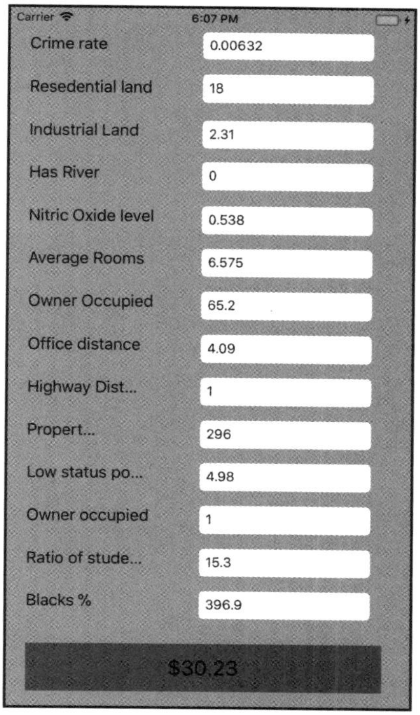

图 8-16

8.3　小　　结

　　本章详细介绍了 Fritz。Fritz 是一个使开发人员能够创建机器学习应用程序的端到端平台。我们还研究了预先构建的机器学习模型以及如何在 Fritz 中使用自定义模型。然后，探讨了如何在 iOS 的 Core ML 和 Android 中实现 Fritz。最后，使用 Fritz 库创建了两个应用程序：一个使用预构建的 Fritz 模型，另一个使用针对 iOS 的 Core ML 模型。在第 9 章中将学习神经网络及其在移动应用程序和机器学习中的用途。

第 9 章　移动设备上的神经网络

在本书第 4 章"在 Android 中使用 TensorFlow"中，当介绍 TensorFlow 的组件及其工作原理时，简要讨论了卷积神经网络及其工作原理。本章将深入研究神经网络的基本概念。我们将详细探讨机器学习和神经网络之间的相似性和变异性。

本章还将解决在移动设备上执行深度学习算法的一些挑战。我们将简要介绍可用于直接在移动设备上运行的移动应用程序的各种深度学习和神经网络 SDK。在本章结束时，我们将完成一项有趣的任务，该任务将同时使用 TensorFlow 和 Core ML。

本章将讨论以下主题。

❑ 创建 TensorFlow 图像识别模型。
❑ 将 TensorFlow 模型转换为 Core ML 模型。
❑ 创建利用 Core ML 模型的 iOS 移动应用程序。
❑ Keras 简介。
❑ 创建手写数字识别解决方案。

本章将涉及前面的章节讨论过的所有主要主题，所以，在继续阅读之前，请确保你已经理解了本书先前所有章节的内容。

9.1　神经网络介绍

神经网络是一种硬件和软件系统，该系统以人脑中神经元的运行为模型。神经网络背后的设计受到人脑及其功能的启发，所以有必要了解一下人脑的构造。神经元（Neuron）是大脑的基本工作单位，它是一种可以将信息传递给其他神经细胞的专门细胞。大脑由大约 100000000000 个神经元组成。神经元的主要功能是处理和传输信息。

9.1.1　神经元的通信步骤

神经元通信遵循以下 4 个步骤。

❑ 神经元从外部环境或其他神经元接收信息。
❑ 神经元整合或处理来自其所有输入的信息，并确定是否发送输出信号。这种整合同时发生在时间上（输入的持续时间，以及在输入之间的时间）和空间上（在神经元的表面上）。

❑　神经元沿其长度高速传送信号。

❑　神经元可以将此电信号转换为化学信号，然后将其传输至另一神经元或诸如肌肉、腺体。

ⓘ 注意：

要更好地了解神经元（人脑的基本组成部分）如何工作，请访问以下网址。

http://www.biologyreference.com/Mo-Nu/Neuron.html#ixzz5ZD78t97u

接下来将详细了解神经元的人工神经网络，这些神经元的功能是接受一些输入，并触发输出。

9.1.2　激活函数

可以很明确地说，神经元是一个占位符函数（Placeholder Function），它接受输入，通过在输入（Input）上应用该函数来处理它们，并产生输出（Output）。任何简单的函数都可以放在已定义的占位符中，如图 9-1 所示。

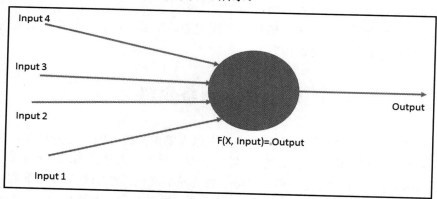

Input 4

Input 3

Input 2

Output

F(X, Input)= Output

Input 1

图 9-1

神经元中使用的函数通常称为激活函数（Activation Function）。在人体中存在 3 种类型的神经元：感觉神经元、运动神经元和中间神经元。在人工智能世界中，激活函数可能会创建神经元的不同能力和功能。

以下是一些常用的激活函数。

❑　step。

❑　Sigmoid。

❏　tanh。

❏　ReLU-Rectified。

❏　Linear Unit（主要用于深度学习）。

　　深入研究每个函数的细节超出了本书的范围。但是，如果想进一步研究神经网络，那么理解这些函数及其复杂性将有很大的帮助。

9.1.3　神经元的排列

　　让我们先来了解一下神经元在人体中的排列。一个典型的神经元有若干个树突，通常以分支方式排列，以建立与许多其他神经元的接触。人体中的神经元也分层排列，这些层的数量在身体和大脑的不同部位有所不同，但通常为 3～6 层。

　　在人工智能世界中，这些神经元也按层排列。图 9-2 将有助于理解神经元的组织。

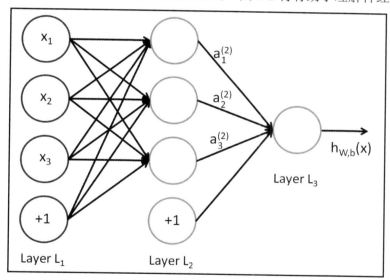

图 9-2

　　网络最左边的层称为输入层（Input Layer），最右边的层称为输出层（Output Layer），神经元的中间层称为隐藏层（Hidden Layer），因为在训练集中未观察到其值。

　　在此示例神经网络中，有 3 个输入、3 个隐藏单元和 1 个输出单元。任何神经网络将至少具有 1 个输入层和 1 个输出层，隐藏层的数量则可以变化。

　　对于同一网络，每个隐藏层中使用的激活函数可以不同，这意味着在同一网络中，隐藏层 1 有 1 个激活函数，而隐藏层 2 又有另 1 个 b 激活函数。

9.1.4　神经网络的类型

神经网络根据隐藏层的数量和每层中使用的激活函数而有所不同。以下是一些常见的神经网络类型。

❑　深度神经网络（Deep Neural Network，DNN）：具有多个隐藏层的网络。

❑　卷积神经网络（Convolutional Neural Network，CNN）：通常用于与计算机视觉有关的学习问题，CNN 隐藏层使用卷积函数作为激活函数。

❑　递归神经网络（Recurrent Neural Network，RNN）：常用于与自然语言处理有关的问题。

改善移动设备中的神经网络领域的当前项目/研究包括。

❑　MobileNet。

❑　MobileNet V2。

❑　MNasNet——在移动设备中实现强化学习。

9.2　图像识别解决方案

想象你和朋友一起去餐馆，假设你是一个健身狂，尽管你参加聚会来享受自助餐，但作为健身狂，你是一个卡路里意识很强的人，不想摄入过高的热量。

现在，假设有一个移动应用程序可以为你提供帮助，它可以对菜品进行拍照，识别其成分，并计算食物的热量。你可以对每道菜拍照并计算其热值，然后决定是否将其放在盘子上。此外，该应用程序会继续学习你拍摄的各种菜肴，并继续学习和掌握这一技能，以便可以很好地保护你的健康。

我们似乎可以看到读者眼中闪动的感兴趣的火花。是的，这就是要在本章中尝试的移动应用程序。我们还希望同时使用 TensorFlow 和 Core ML 来完成此活动。要创建刚刚讨论的应用程序，可以执行以下步骤。

（1）创建 TensorFlow 图像识别模型。

（2）将其转换为.ml 模型文件。

（3）创建一个 iOS/SWIFT 应用程序以使用该模型。

接下来将详细介绍每个步骤。

9.3　创建 TensorFlow 图像识别模型

TensorFlow 是一个开源软件库，用于跨一系列任务的数据流编程。它是一个符号数学库，还用于机器学习应用程序，例如神经网络。它用于 Google 的研究和生产，通常会替代其封闭源代码的前身 DistBelief。TensorFlow 由 Google Brain 团队开发，供 Google 内部使用。它是在 2015 年 11 月 9 日根据 Apache 2.0 开源许可发布的。

TensorFlow 是跨平台的，它几乎可以在所有设备上运行：GPU 和 CPU（包括移动和嵌入式平台），甚至是张量处理单元（Tensor Processing Units，TPU），它们是执行张量数学的专用硬件。

9.3.1 关于 TensorFlow 的作用

为简单起见，假设你需要两个数字。现在，如果要使用常规编程语言（例如 Python）编写程序，则可以使用以下代码。

$$a = 1$$
$$b = 2$$
$$\text{print}(a + b)$$

如果运行该程序，则输出将显示为 3，然后在 TensorFlow 上将看到相同的实现。

```
import tensorflow as tf
x = tf.constant(35, name='x')
y = tf.Variable(x + 5, name='y')
model = tf.global_variables_initializer()
with tf.Session() as session:
    session.run(model)
    print(session.run(y))
```

现在，来解释一下上面的代码。首先，创建一个节点名为 x 的常量，将其添加 5，然后将其存储在另一个变量/节点 y 中。如果此时可以看到 y 控制台的输出，则将找到该节点的定义，而不是 40 的值。

在这里，你将定义图的节点及其相应的操作。一旦初始化变量并创建和获取图的会话/实例后，即可使用该图。

图 9-3 将有助于你理解此概念。

在 TensorFlow 中，所有常量、占位符和变量都可用于创建定义，节点之间的链接将创建一个图，就像你在面向对象编程中的类概念一样。我们可以将图视为类，将节点视为数据成员，将 tf.globalvariableinitilizer() 视为调用静态方法以初始化常量和变量，将 session.run() 视为调用类的构造函数。

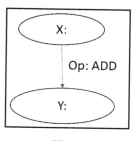

图 9-3

9.3.2　重新训练模型

要创建图像分类器，需要遍历很多事物并进行大量编码。为简单起见，将向读者展示如何使用 Google Code Lab 提供的代码进行图像分类器的创建。以下内容摘自 Google 的代码实验室教程。

这是使用 CNN 制作的。对所有这些进行解释超出了本书的范围。在本章前面的介绍中，简要解释了 CNN，但是，与神经网络和深度学习的知识海洋相比，这只是沧海一粟。有兴趣的读者可以访问以下地址以了解更多信息。

https://colah.github.io/posts/2014-07-Conv-Nets-Modular/

在 TensorFlow 中创建图像分类器是非常容易的。首先，需要安装 Anaconda（这是一个很方便的 Python 包管理和环境管理软件），然后运行以下命令。

```
conda create -n tensorflow pip python=3.6
```

运行上述命令之后，将出现如图 9-4 所示的提示。

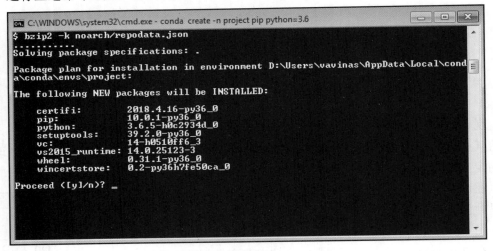

图 9-4

输入 y 继续。成功执行命令后，将看到如图 9-5 所示的屏幕。

输入 activate 项目，激活项目后，将看到如下提示。

```
(project) D:\Users\vavinas>
```

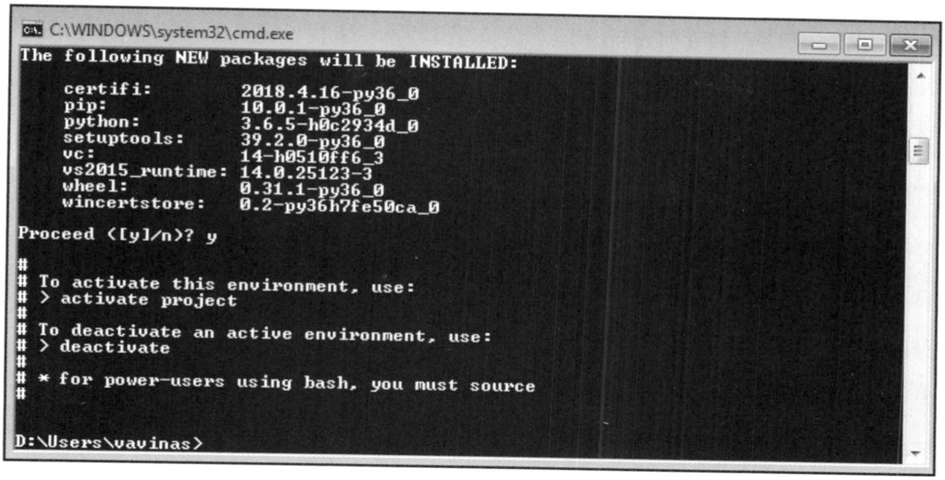

图 9-5

然后，输入以下命令。

```
pip install tensorflow
```

使用以下命令来验证已安装的软件包。

```
pip list
```

上述操作必产生如图 9-6 所示的结果。如果在自己的计算机中看不到某些软件包，则请重新安装它们。

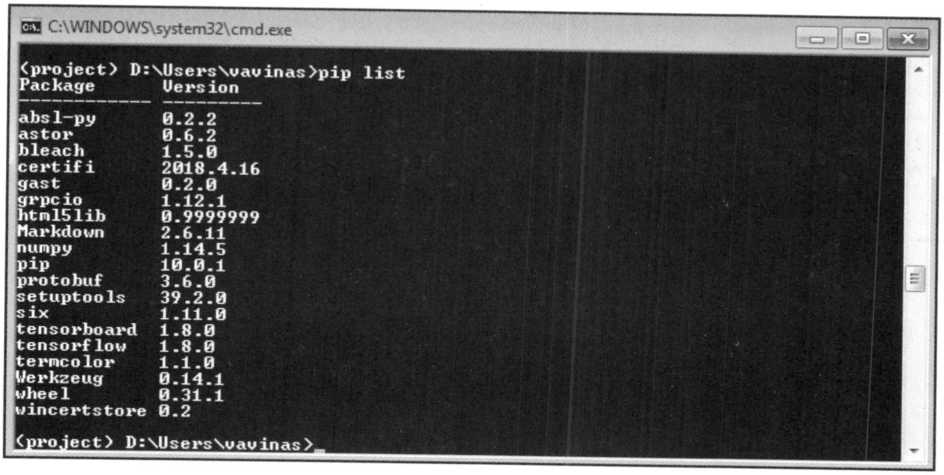

图 9-6

现在，已经成功安装了 TensorFlow 及其依赖项。让我们从 Google Code Labs 获取进行分类的代码。为此，请确保已在计算机上安装了 Git。有几种安装方法，但最简单的方法是通过 npm。

要检查是否已正确安装 Git，请在打开的命令提示符下输入 git，将看到该命令的所有可用选项。如果出现了 invalid command 之类的提示，则请尝试正确安装。现在可以执行以下命令来克隆存储库。

```
git clone https://github.com/googlecodelabs/tensorflow-for-poets-2
```

完成后，可以使用以下命令来转到 tensorflow-for-poets-2。

```
cd tensorflow-for-poets-2
```

该文件夹包含训练图像识别模型所需的所有脚本。如果此时检查 tf_file 文件夹，则可以发现它为空。接下来，将使用此文件夹保留训练图像，并使用 scripts 文件夹中的脚本来训练模型。

要输入图像，就需要先下载图像。对于我们的样本，将使用带有 4 个类别标签的食物图像。读者可以从 Git 存储库 project/food_photos 目录下载它，然后将该文件夹粘贴到 tf_files 中。如果无法执行此命令，则可以在 Internet Explorer 浏览器中打开该文件夹，然后下载 tensorflow-for-poets-2/tf_files 文件。

将这些文件解压缩，如图 9-7 所示。

图 9-7

接下来就可以使用脚本重新训练模型，请执行以下命令。

```
python -m scripts.retrain \
  --bottleneck_dir=tf_files/bottlenecks \
  --how_many_training_steps=500 \
  --model_dir=tf_files/models/ \
  --summaries_dir=tf_files/training_summaries/ mobilenet_0.50_224 \
```

```
--output_graph=tf_files/retrained_graph.pb \
--output_labels=tf_files/retrained_labels.txt \
--architecture=mobilenet_0.50_224    \
--image_dir=tf_files/food_photos
```

上面的 Python 脚本可用于重新训练模型，它具有许多参数，但是在这里将仅使用和讨论一些重要的参数，具体如下所示。

- ❑ bottleneck_dir：将这些文件保存到 bottlenecks/ 目录。
- ❑ how_many_training_steps：这个数字一般应在 4000 以下。更大的数字将使模型具有更高的准确性，但构建时间会太长，并且模型文件将太大。
- ❑ model_dir：保存模型的位置。
- ❑ summaries_dir：包含训练摘要。
- ❑ output_graph：在何处保存输出图。这是将在移动设备中使用的结果模型。
- ❑ output_labels：这是保存类标签的文件。一般来说，图像的类标签是文件夹名称。
- ❑ architecture：这告诉我们要使用哪一种体系结构。在这里，我们使用的是 Mobilenet 模型，该模型的相对尺寸为 0.50，图像尺寸为 244。
- ❑ image_dir：输入图片目录，本例为 food_photos。

执行上面的命令之后，其输出如图 9-8 所示。

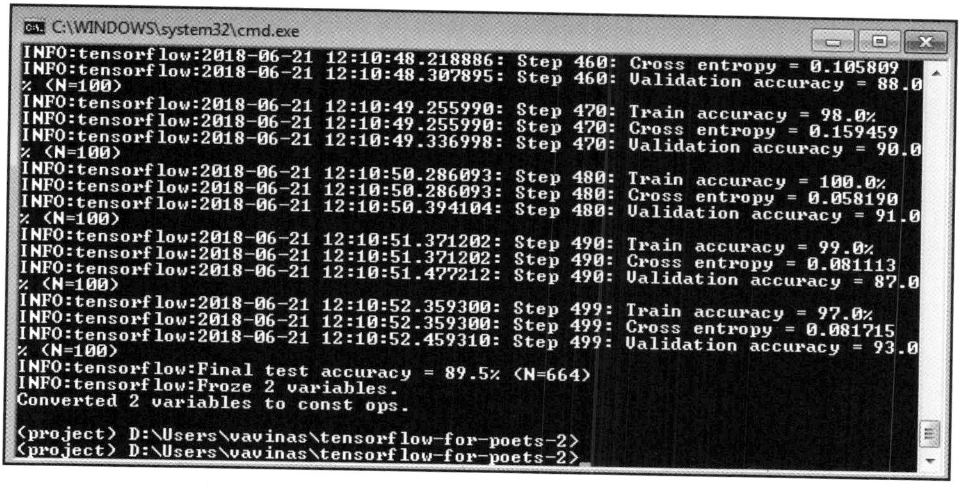

图 9-8

在这里，我们将尝试了解再训练过程的工作方式。我们正在使用的 ImageNet 模型由彼此堆叠的许多层组成。这些层已经过预训练，并且已经具有足够的信息，有助于图像分类。当所有先前的层重新训练它们已经训练好的状态时，我们尝试要做的就是训练最后的一层，即 final_training_ops。

　　屏幕截图 9-9 来自 TensorBoard，用户可以在浏览器中打开 TensorBoard 以获得更好的外观效果。在 Graphs（图）选项卡中可以找到它。

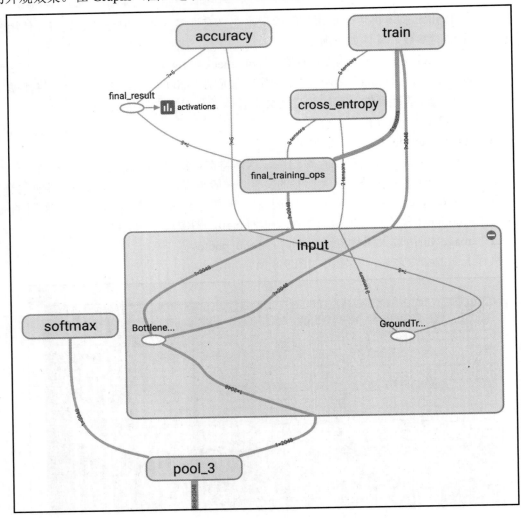

图 9-9

　　在图 9-9 中，左侧的 **softmax** 节点是原始模型的输出层。在训练脚本添加了 **softmax** 右侧的所有节点。

提示：

这仅在重新训练脚本完成生成瓶颈（Bottleneck）文件之后才起作用。

瓶颈是用于指代进行分类的最终输出层之前的层的术语。请注意，"瓶颈"的意思并不是它的常规含义（即它会减慢整个过程）。在这里，使用术语"瓶颈"是因为它就在输出附近，该表示方式比在网络主体中更简明。

每幅图像在训练期间会重复使用多次。计算每幅图像瓶颈后面的层需要大量时间。由于网络的这些较低层未被修改，因此它们的输出可以缓存和重用。现在，已经掌握了 TensorFlow 重新训练过的模型，接下来可以使用以下命令测试刚刚训练的模型。

```
python -m scripts.label_image \
    --graph=tf_files/retrained_graph.pb \
    --image=tf_files\food_photos\pizza\1.jpg
```

执行上面的代码块将为用户提供食物图像所属的类。现在，让我们转到下一个任务：将 TensorFlow 模型转换为 Core ML 模型格式。

9.3.3 将 TensorFlow 模型转换为 Core ML 模型

TensorFlow 团队开发了一个软件包，该软件包用于将在 TensorFlow 中创建的模型转换为 Core ML，该模型在 iOS 应用中使用。要使用此函数，必须具有安装了 Python 3.6 和 TensorFlow 的 MacOS。使用此工具，可以将 TensorFlow 模型文件（.pb）转换为 Core ML 格式（.mlmodel）。首先，需要执行以下命令。

```
Pip install tfcoreml
```

安装完成之后，在 Python 文件中编写以下代码，将其命名为 inspect.py 并保存。

```
import tensorflow as tf
from tensorflow.core.framework import graph_pb2
import time
import operator
import sys

def inspect(model_pb, output_txt_file):
    graph_def = graph_pb2.GraphDef()
    with open(model_pb, "rb") as f:
        graph_def.ParseFromString(f.read())

    tf.import_graph_def(graph_def)
```

```python
    sess = tf.Session()
    OPS = sess.graph.get_operations()

    ops_dict = {}

    sys.stdout = open(output_txt_file, 'w')
    for i, op in enumerate(OPS):
        print('----------------------------------------------------------------------------------------------------------------------------------------------')
        print("{}: op name = {}, op type = ( {} ), inputs = {}, outputs = {}".format(i, op.name, op.type, ", ".join([x.name for x in op.inputs]), ", ".join([x.name for x in op.outputs])))
        print('@input shapes:')
        for x in op.inputs:
            print("name = {} : {}".format(x.name, x.get_shape()))
        print('@output shapes:')
        for x in op.outputs:
            print("name = {} : {}".format(x.name, x.get_shape()))
        if op.type in ops_dict:
            ops_dict[op.type] += 1
        else:
            ops_dict[op.type] = 1

    print('-----------------------------------------------------------------------------------------------------------------------------------------------')
    sorted_ops_count = sorted(ops_dict.items(), key=operator.itemgetter(1))
    print('OPS counts:')
    for i in sorted_ops_count:
        print("{} : {}".format(i[0], i[1]))
if __name__ == " main ":
    """
    将冻结的 TF 图的摘要写入一个文本文件
    摘要包括操作的名称、类型、输入和输出名称以及形状

    参数
    ----------
    - 冻结的 .pb 图的路径
    - 摘要所写入的输出 .txt 文件的路径

    用法
```

```
----------
python inspect_pb.py frozen.pb text_file.txt

"""
if len(sys.argv) != 3:
    raise ValueError("Script expects two arguments. " +
            "Usage: python inspect_pb.py /path/to/the/frozen.pb
/path/to/the/output/text/file.txt")
    inspect(sys.argv[1], sys.argv[2])
```

上述代码将模型文件作为输入参数，并将所有操作以及带有描述的输入/输出节点名称保存在我们提供作为输入的文本文件中。要运行此命令，请输入以下命令。

Python inspect.py retrained_graph.pb summeries.txt

在此命令中，将执行之前保存的 inspect.py 代码，这还将输入从 9.3.2 节获得的图文件，以及要在其中保存摘要的文本文件的路径。

在执行此命令之后，将创建带有所有摘要的 summeries.txt，如图 9-10 所示，这些摘要都将被添加到文本文件中。

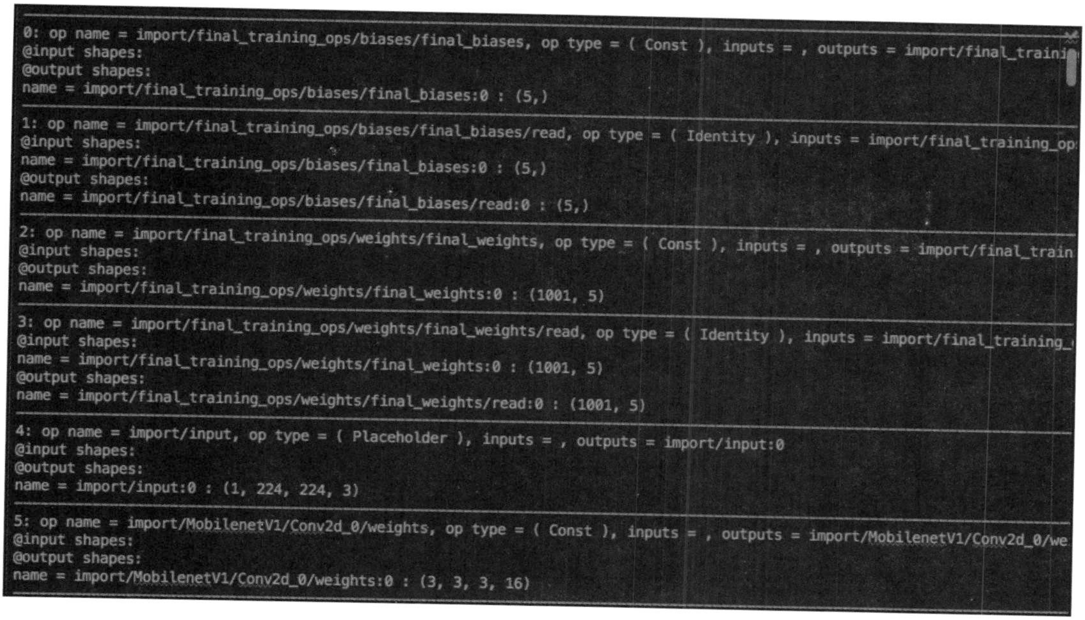

图 9-10

在此文件中，可以查看到所有操作（op）、输入和输出名称及其形状，还可以看到整体操作符，如图 9-11 所示。

```
OPS counts:
Placeholder : 1
AvgPool : 1
BiasAdd : 1
Squeeze : 1
Reshape : 1
PlaceholderWithDefault : 1
MatMul : 1
Softmax : 1
DepthwiseConv2dNative : 13
Conv2D : 15
Rsqrt : 27
Sub : 27
Relu6 : 27
Add : 55
Mul : 81
Identity : 140
Const : 167
```

图 9-11

在文件末尾将找到结束节点的定义，在本示例中将如图 9-12 所示。

```
559: op name = import/final_result, op type = ( Softmax ), inputs = import/final_training_ops/Wx_plus_b/add:0, outputs = import/final_result:0
@input shapes:
name = import/final_training_ops/Wx_plus_b/add:0 : (?, 5)
@output shapes:
name = import/final_result:0 : (?, 5)
```

图 9-12

在这里，可以看到结束节点操作类型为 Softmax，它产生的输出将存储在 final_result:0 名称中。现在可以看到如图 9-13 所示的代码块，该代码块可用于生成相应的 Core ML 模型。

```
import tfcoreml as tf_converter
tf_converter.convert(tf_model_path = 'retrained_graph.pb',
                     mlmodel_path = 'converted.mlmodel',
                     output_feature_names = ['final_result:0'],
                     image_input_names = 'input:0',
                     class_labels = 'retrained_labels.txt',
                     red_bias = -1,
                     green_bias = -1,
                     blue_bias = -1,
                     image_scale = 2.0/224.0
                     )
```

图 9-13

让我们详细了解一下上面的代码块。必须注意到，在第一行中导入了 tfcoreml 软件包，然后使用其 convert 函数，以下是其参数。

❑ tf_model_path：在前文（将 TensorFlow 模型转换为 Core ML 模型）中生成的（.pb）文件的路径。

❑ mlmodel_path：要在其中生成模型的输出模型文件的路径。

❑ output_feature_names：在这种情况下，将获得从模型检查代码生成的上一个文本文件中获得的输出变量名称。

❑ image_input_names：要为图像输入指定的名称。在 Core ML/iOS 中，这将是图像缓冲区。

❑ class_labels：这是将在训练步骤中获得的文件。

运行上面的代码之后，将在目录中看到生成的 convert.mlmodel 文件。可以将其导入 Xcode 项目中并加以利用。

9.3.4　编写 iOS 移动应用程序

本节将创建一个应用程序，以利用创建的图像识别模型来使用 iOS 移动设备上的相机预测图像。

首先，需要一台运行 Xcode 9+版本的 Mac PC，从 Git 存储库下载源代码（x 代码项目），然后导航到项目文件夹，在 Xcode 中打开 identification.xcodeproj 图像。图 9-14 显示了项目的文件夹结构。

图 9-14

要查看的主要文件是 controller.swift，它包含以下代码。

```swift
import UIKit
class ViewController: UIViewController {
    @IBOutlet weak var pictureImageView :UIImageView!
    @IBOutlet weak var titleLabel :UILabel!
```

这些是 Main.storyboard 上的图像视图控件和标题标签控件的出口。

```swift
private var model : converted = converted()
```

以下是添加 9.3.3 节中创建的 core-ml 文件时生成的模型的实例。

```swift
    var content : [ String : String ] = [
        "cheeseburger" : "A cheeseburger is a hamburger topped with cheese.
Traditionally, the slice of cheese is placed on top of the meat patty, but
the burger can include many variations in structure, ingredients, and
composition.\nIt has 303 calories per 100 grams.",
        "carbonara" : "Carbonara is an Italian pasta dish from Rome made
with egg, hard cheese, guanciale, and pepper. The recipe is not fixed by a
specific type of hard cheese or pasta. The cheese is usually Pecorino
Romano.",
        "meat loaf" : "Meatloaf is a dish of ground meat mixed with other
ingredients and formed into a loaf shape, then baked or smoked. The shape
is created by either cooking it in a loaf pan, or forming it by hand on a
flat pan.\nIt has 149 calories / 100 grams",
        "pizza" : "Pizza is a traditional Italian dish consisting of a
yeasted flatbread typically topped with tomato sauce and cheese and baked
in an oven. It can also be topped with additional vegetables, meats, and
condiments, and can be made without cheese.\nIt has 285 calories / 100
grams"
    ]
```

我们对内容进行了硬编码，以显示在训练的相应类标签的标题标签中。

```swift
let images = ["burger.jpg","pizza.png", "pasta.jpg","meatloaf.png"]
```

这些是添加到项目中的图像，它们将作为预测应用程序的输入。

```swift
    var index = 0
override func viewDidLoad() {
        super.viewDidLoad()
        nextImage()
    }
    @IBAction func nextButtonPressed() {
        nextImage()
```

```
    }
    func nextImage() {
        defer { index = index < images.count - 1 ? index + 1 : 0 }
        let filename = images[index]
        guard let img = UIImage(named: filename) else {
            self.titleLabel.text = "Failed to load image \(filename)"
            return
        }
        self.pictureImageView.image = img
        let resizedImage = img.resizeTo(size: CGSize(width: 224, height:
224))
        guard let buffer = resizedImage.toBuffer() else {
            self.titleLabel.text = "Failed to make buffer from image
\(filename)"
            return
        }
```

当使用 224 像素图像训练模型时，还将调整输入图像的大小并将其转换为图像缓冲区，我们希望将其提供给预测方法。

```
        do {
            let prediction = try self.model.prediction(input:
MymodelInput(input__0: buffer))
```

在这里，将输入图像并获得预测结果。

```
            if content.keys.contains(prediction.classLabel) {
                self.titleLabel.text = content[prediction.classLabel]
            }
            else
            {
                self.titleLabel.text = prediction.classLabel;
            }
```

在上面的代码中，将根据类标签向用户显示内容。

```
        } catch let error {
            self.titleLabel.text = error.localizedDescription
        }
    }
}
```

这样就完成了应用程序的创建。现在，可以执行该应用程序以查找图像作为输出，如图 9-15 所示。

单击 Next 查找下一张图片，如图 9-16 所示。

图 9-15　　　　　　　　　　　　　　　　图 9-16

9.4　手写数字识别解决方案

　　第 9.3 节创建了一个应用程序，该程序使用了针对移动设备的 TensorFlow 模型，使我们对神经网络图像识别功能的实现有了更深入的认识。现在，我们将创建另一个应用程序，该应用程序使用神经网络和 Keras 进行手写数字图像识别。在第 9.5 节～第 9.7 节中，将为使用 Keras 的移动设备上的手写数字识别解决方案创建一个应用程序。然后，将把这个 Keras 模型转换成 Core ML 模型，并用它来构建 iOS 移动应用程序。接下来先认识一下 Keras。

9.5　关于 Keras

Keras 是用 Python 编写的高级神经网络 API，能够在 TensorFlow、CNTK 或 Theano 之上运行。它的开发旨在允许快速实验。

以下是 Keras 的一些关键用途。

- ❑　允许轻松快速地进行原型制作（具有用户友好、模块化和可扩展性等特点）。
- ❑　支持卷积网络和递归网络，以及两者的组合。
- ❑　在 CPU 和 GPU 上无缝运行。

Keras 的设计遵循以下原则。

- ❑　用户友好。
- ❑　模块化。
- ❑　易于扩展。
- ❑　与 Python 兼容。

要了解有关 Keras 的更多信息，请访问以下网址。

https://keras.io/

9.6　安装 Keras

如前文所述，Keras 没有自己的后端系统。由于它运行在 TensorFlow、CNTK 或 Theano 之上，因此需要安装其中之一，建议使用 TensorFlow。

我们需要在 pip 包管理器的帮助下安装 h5py 库，以便将 Keras 模型保存到磁盘。

```
pip install tensorflow
pip install keras
pip install h5py
```

上面的命令将安装模型的基本必需库，接下来将创建模型。

9.7　求 解 问 题

在本节中将看到神经网络的实际实现。我们将定义问题陈述，然后将了解要用于求解问题的数据集，随后将在 Keras 中创建模型以解决该问题。

在 Keras 中创建模型后，会将其转换为与 Core ML 兼容的模型。该 Core ML 模型将被导入 iOS 应用程序中，并且将编写一个程序来使用该模型并解释手写数字。

9.7.1　定义问题陈述

我们将通过在 iOS 移动应用程序中实现的机器学习模型来解决识别手写数字的问题。第一步是拥有可用于模型训练和测试的手写数字数据库。

MNIST 数字数据集（http://yann.lecun.com/exdb/mnist/）提供了一个手写数字数据库，它拥有具有 60000 个示例的训练集和 10000 个示例的测试集。它是 MNIST 可用的较大集合的子集。这些数字已经进行了大小归一化，并在固定尺寸的图像中居中。对于那些想学习真实数据的技术和模式识别方法而又无法花太多精力进行预处理和格式化的人们来说，这是一个很好的数据库。

在解决此问题之前，有必要花一些时间来理解问题，以了解神经网络可以在哪些方面提供帮助。我们可以将识别手写数字的问题分为两个子问题。假定得到一个手写的数字，如图 9-17 所示。

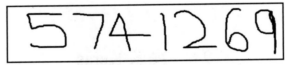

图 9-17

首先，需要将包含多个数字的图像分解为一系列单独的图像，每个图像都包含一个数字。例如，可以将上面的示例图像分解为 7 个单独的图像，如图 9-18 所示。

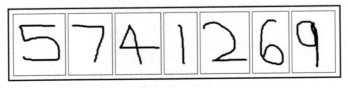

图 9-18

对于人类来说，数字可以很容易地分开，但是，对于机器来说，完成这一简单的任务是非常困难的。数字分开后，程序需要对每个数字进行分类。例如，我们希望程序认识到第一个数字是 **5**。

现在，尝试着重于问题的第二部分：识别各个数字并对其进行分类。我们将使用神经网络来解决识别单个手写数字的问题。

我们可以使用 3 层神经网络来解决此问题，其中输出层具有 10 个神经元。输入层和隐藏层是进行处理的地方。在输出层中，基于激发的神经元，可以轻松推断出被识别的数字。神经元 0～9 各自标识一个数字。

9.7.2　问题方案

问题解决方案包括以下关键步骤。

（1）准备数据。

（2）定义模型。

（3）训练和拟合模型。

（4）将训练过的 Keras 模型转换为 Core ML 模型。

（5）编写 iOS 移动应用程序。

现在，让我们一步一步地进行操作，看一看在每个步骤中需要做什么。

1．准备数据

第一项活动是数据准备。首先需要导入所有必需的库，如前所述，将使用 MNIST 数据库作为手写数字数据集。

```
from __future__ import print_function
from matplotlib import pyplot as plt
import keras
from keras.datasets import mnist
```

mnist 是包含手写数字数据库的数据集，因此需要将其导入，如下所示。

```
from keras.models import Sequential
```

上面的代码从 Keras 导入了 Sequential 模型类型。以下是神经网络层的线性堆栈。

```
from keras.layers import Dense, Dropout, Flatten
```

现在需要从 Keras 导入核心层。这些是几乎所有神经网络都会使用的层。

```
from keras.layers import Conv2D, MaxPooling2D
```

从 Keras 导入 CNN 层。这些卷积层将帮助有效地训练图像数据。

```
from keras.utils import np_utils
```

导入 utils。这将有助于稍后进行数据转换。

```
from keras import backend as K
import coremltools
```

coremltools 有助于将 Keras 模型转换为 Core ML 模型。

```
(x_train,y_train),(x_val,y_val)= mnist.load_data()
```

将预先混合的 MNIST 数据加载到训练和测试集中。

```
# 检查 x 数据
print('x_train shape: ', x_train.shape)
print(x_train.shape[0], 'training samples')
print('x_val shape: ', x_val.shape)
print(x_val.shape[0], 'validation samples')
print('First x sample\n', x_train[0])
```

如果运行上面的代码，那么它将显示 X、Y 的形状以及 X 的第一条记录，其结果如图 9-19 所示。

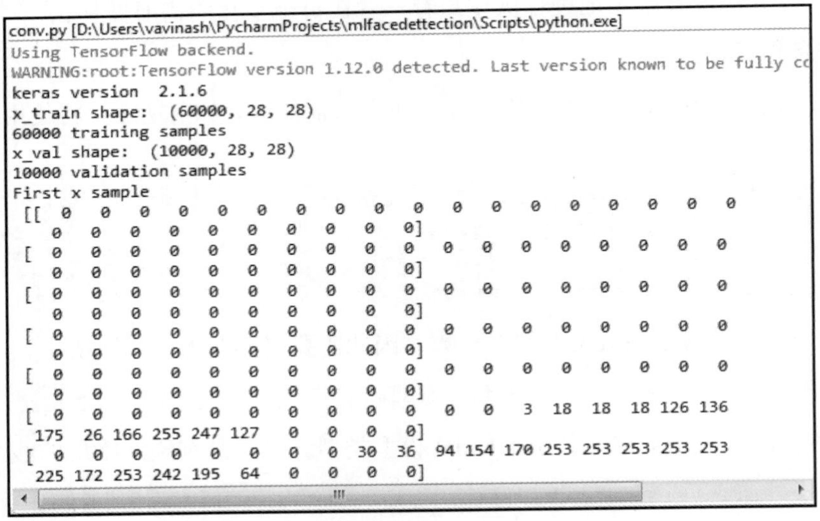

图 9-19

我们的训练集中有 60000 个样本，每个图像均为 28 像素×28 像素，可以通过在 matplotlib 中绘制第一个样本来确认这一点。

```
plt.imshow(x_train[0])
```

该语句将使用 matplotlib 库绘制 x_train 的第一条记录，该记录将提供如图 9-20 所示的输出结果。

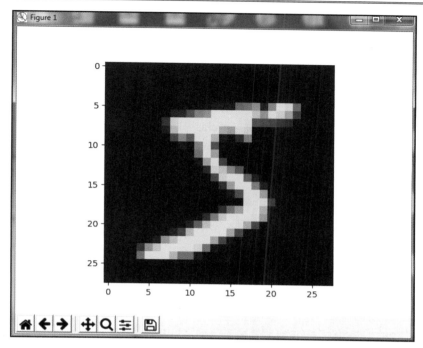

图 9-20

以下代码行将打印 y_train 形状和 y_train 中的前 10 个元素。

```
print('y_train shape: ', y_train.shape)
print('First 10 y_train elements:', y_train[:10])
```

以下代码将找到图像的输入形状。MNIST 图像数据值是 [0, 255] 范围内的 uint8 类型的值，但是 Keras 需要 [0, 1] 范围内 float32 类型的值。

```
img_rows, img_cols = x_train.shape[1], x_train.shape[2]
num_classes = 10

# 为 channels_first 或 channels_last 设置 input_shape
if K.image_data_format() == 'channels_first':
x_train = x_train.reshape(x_train.shape[0], 1, img_rows, img_cols)
x_val = x_val.reshape(x_val.shape[0], 1, img_rows, img_cols)
input_shape = (1, img_rows, img_cols)
else:
    x_train = x_train.reshape(x_train.shape[0], img_rows, img_cols, 1)
    x_val = x_val.reshape(x_val.shape[0], img_rows, img_cols, 1)
    input_shape = (img_rows, img_cols, 1)
```

```
print('x_train shape:', x_train.shape)
# x_train 形状: (60000, 28, 28, 1)
print('x_val shape:', x_val.shape)
# x_val 形状: (10000, 28, 28, 1)
print('input_shape:', input_shape)
```

使用以下代码，将数据类型转换为与 Keras 中定义的数据类型兼容。

```
x_train = x_train.astype('float32')
x_val = x_val.astype('float32')
x_train /= 255
x_val /= 255
```

现在，在 y 中具有 60000 个一维元素，接下来需要将其转换为 60000×10 的数组，如下所示。

```
y_train = np_utils.to_categorical(y_train, num_classes)
y_val = np_utils.to_categorical(y_val, num_classes)
print('New y_train shape: ', y_train.shape)
# (60000, 10)
print('New y_train shape: ', y_train.shape)
# (60000, 10)
print('First 10 y_train elements, reshaped:\n', y_train[:10])
```

现在，y_train 看起来如图 9-21 所示。

```
[[0. 0. 0. 0. 0. 1. 0. 0. 0. 0.]
 [1. 0. 0. 0. 0. 0. 0. 0. 0. 0.]
 [0. 0. 0. 0. 1. 0. 0. 0. 0. 0.]
 [0. 1. 0. 0. 0. 0. 0. 0. 0. 0.]
 [0. 0. 0. 0. 0. 0. 0. 0. 0. 1.]
 [0. 0. 1. 0. 0. 0. 0. 0. 0. 0.]
 [0. 1. 0. 0. 0. 0. 0. 0. 0. 0.]
 [0. 0. 0. 1. 0. 0. 0. 0. 0. 0.]
 [0. 1. 0. 0. 0. 0. 0. 0. 0. 0.]
 [0. 0. 0. 0. 1. 0. 0. 0. 0. 0.]]
```

图 9-21

在上面的数组中可以发现，对于数字存在来说，对应的位置将填充 1，所有其他位置将填充 0。例如，对于第一条记录，可以理解预测的数字为 5，因为第 6 个位置填充为 1（从 0 开始，所以第 6 个位置为 5）。

数据准备工作已经完成，接下来需要定义模型的架构。

2．定义模型的架构

数据准备完成后，下一步是定义模型并创建它，因此现在可以创建模型。

```
model_m = Sequential()
```

上面的代码行将创建一个顺序（Sequential）模型，该模型将按顺序排列各层。有两种方法可以构建 Keras 模型：顺序和功能。

- ❑ 顺序 API：这使我们能够逐层创建模型。在这种情况下，创建的模型将无法共享层或具有多个输入或输出。
- ❑ 功能 API：这使我们创建的模型可以不止一个层，并且可以具有复杂的连接——可以从任何层实际连接到任何其他层。

```
model_m.add(Conv2D(32, (5, 5), input_shape=(1,28,28), activation='relu'))
```

输入的形状参数应为样本 1 的形状，在这种情况下，它等同于 (1, 28, 28)，对应于每个数字图像的 (深度, 宽度, 高度)。

但是，其他参数代表什么呢？它们分别对应于要使用的卷积过滤器的数量、每个卷积内核中的行数和每个卷积内核中的列数。

```
model_m.add(MaxPooling2D(pool_size = (2,2)))
```

MaxPooling2D 是一种减少模型中参数数量的方法，它可以在上一层中滑动一个 2×2 的池化核，并在 2×2 池化核中获取 4 个值中的最大值，以此来减少模型中参数的数量。

```
model_m.add(Dropout(0.5))
```

这是一种用于规范化模型以防止过度拟合的方法。

```
model_m.add(Conv2D(64, (3, 3), activation='relu'))
model_m.add(MaxPooling2D(pool_size=(2, 2)))
model_m.add(Dropout(0.2))
model_m.add(Conv2D(128, (1, 1), activation='relu'))
model_m.add(MaxPooling2D(pool_size=(2, 2)))
model_m.add(Dropout(0.2))
model_m.add(Flatten())
model_m.add(Dense(128, activation='relu'))
model_m.add(Dense(num_classes, activation='softmax'))
print(model_m.summary())
```

一旦运行了上面的代码行，那么这些层的模型架构的名称将被打印输出在控制台中，如图 9-22 所示。

```
_________________________________________________________________
Layer (type)                 Output Shape              Param #
=================================================================
conv2d_1 (Conv2D)            (None, 24, 24, 32)        832
_________________________________________________________________
max_pooling2d_1 (MaxPooling2 (None, 12, 12, 32)        0
_________________________________________________________________
dropout_1 (Dropout)          (None, 12, 12, 32)        0
_________________________________________________________________
conv2d_2 (Conv2D)            (None, 10, 10, 64)        18496
_________________________________________________________________
max_pooling2d_2 (MaxPooling2 (None, 5, 5, 64)          0
_________________________________________________________________
dropout_2 (Dropout)          (None, 5, 5, 64)          0
_________________________________________________________________
conv2d_3 (Conv2D)            (None, 5, 5, 128)         8320
_________________________________________________________________
max_pooling2d_3 (MaxPooling2 (None, 2, 2, 128)         0
_________________________________________________________________
dropout_3 (Dropout)          (None, 2, 2, 128)         0
_________________________________________________________________
flatten_1 (Flatten)          (None, 512)               0
_________________________________________________________________
dense_1 (Dense)              (None, 128)               65664
_________________________________________________________________
dense_2 (Dense)              (None, 10)                1290
=================================================================
Total params: 94,602
Trainable params: 94,602
Non-trainable params: 0
_________________________________________________________________
```

图 9-22

3．编译和拟合模型

下一步是编译和训练模型。我们将通过一系列迭代使模型进入训练阶段，时期（Epoch）确定训练阶段要在模型上进行的迭代次数，权重将传递到模型中定义的层，设定良好的时期数将提供更高的正确率和最小的损失，在这里，将使用 10 个时期。

Keras 具有一个回调（Callback）机制，该回调机制将在模型的每次训练迭代期间（即每个时期的末尾）调用。在回调方法中，将保存该时期的计算权重。

```
callbacks_list = [
    keras.callbacks.ModelCheckpoint(
        filepath='best_model.{epoch:02d}-{val_loss:.2f}.h5',
        monitor='val_loss', save_best_only=True),
    keras.callbacks.EarlyStopping(monitor='acc', patience=1)]
```

现在，使用以下代码编译模型。

```
model_m.compile(loss='categorical_crossentropy',optimizer='adam',
metrics=['accuracy'])
```

categorical_crossentropy 损失函数将测量卷积神经网络计算的概率分布与标签的真实分布之间的距离。

optimizer 是随机梯度下降算法（Stochastic Gradient Descent Algorithm），它通过以正确的速度跟随梯度来尝试使损失函数最小化。accuracy 为正确分类的图像的比例——这是在训练和测试过程中监视的最常见指标。

```
# 超参数
batch_size = 200
epochs = 10
```

现在，使用以下代码拟合模型。

```
# 允许验证以使用 ModelCheckpoint 和 EarlyStopping
callbacks.model_m.fit(
    x_train, y_train, batch_size=batch_size, epochs=epochs,
callbacks=callbacks_list, validation_data=(x_val, y_val), verbose=1)
```

程序完成执行之后，将在运行目录中找到具有 best_model.01-0.15.h5 名称的文件。这说明了 est_model.{epoch number}-{loss value}.h5。

这是为给定数据集创建和训练的 Keras 模型。

4．将 Keras 模型转换为 Core ML 模型

现在已经创建了 Keras 模型，下一步是将 Keras 模型转换为 Core ML 模型。对于第一个参数，请使用 notebook 文件夹中最新的.h5 文件的文件名。

```
output_labels = ['0', '1', '2', '3', '4', '5', '6', '7', '8', '9']
coreml_mnist = coremltools.converters.keras.convert(
    'best_model.10-0.04.h5', input_names=['image'],
output_names=['output'],   class_labels=output_labels,
image_input_names='image')
coreml_mnist.save("minsit_classifier.mlmodel")
```

成功运行代码之后，将在目录中找到 minsit_classifer.mlmodel 文件。我们将使用它来创建一个 iOS 移动应用程序以检测数字。

5．创建 iOS 移动应用

现在可以来创建 iOS 应用。可以从 Packt GitHub 存储库的 ImageClassificationwith-VisionandCoreML 文件夹中下载该代码。

在 Xcode 9+中打开项目，该项目结构如图 9-23 所示。

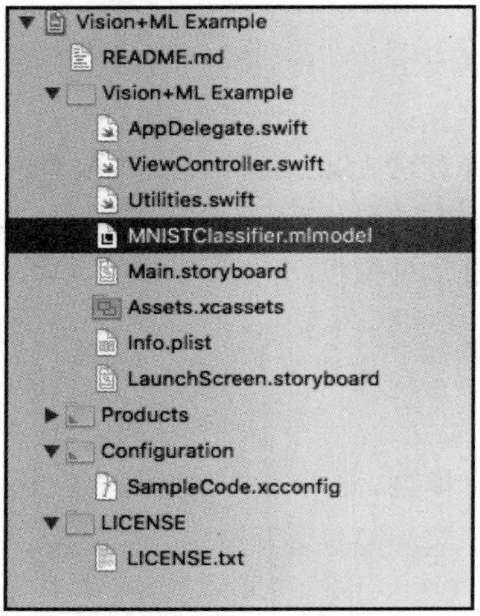

图 9-23

如果在设计器中打开 main.storyboard，则可以看到如图 9-24 所示的用户界面。

这里的大多数代码都是常见的 iOS 代码。来看以下代码段，它是我们特别感兴趣的，其中包括手写数字预测代码。

```
lazy var classificationRequest: VNCoreMLRequest = {
        // 通过其生成的类加载机器学习模型，并为其创建 Vision 请求
        do {
            let model = try VNCoreMLModel(for: MNISTClassifier().model)
            return VNCoreMLRequest(model: model, completionHandler:
self.handleClassification)
        } catch {
            fatalError("can't load Vision ML model: \(error)")
        }
    }()
    func handleClassification(request: VNRequest, error: Error?) {
        guard let observations = request.results as?
[VNClassificationObservation]
            else { fatalError("unexpected result type from
VNCoreMLRequest") }
        guard let best = observations.first
            else { fatalError("can't get best result") }
DispatchQueue.main.async {
            self.classificationLabel.text = "Classification:
```

```
\"\(best.identifier)\" Confidence: \(best.confidence)"
        }
    }
```

它在底部包含两个按钮：一个用于从移动设备中选择图像；另一个用于拍摄快照。请注意，如果是在模拟器中运行相机，则相机将无法正常工作。

可以在模拟器中构建和运行该应用程序。应用程序在模拟器中成功打开后，将手写数字 6 的图像拖动到模拟器的文件夹示例图像中——这会将文件保存在模拟器的内存中。

返回应用程序，选择保存在设备内存中刚刚拖入的图像，它将显示为如图 9-25 所示的输出。

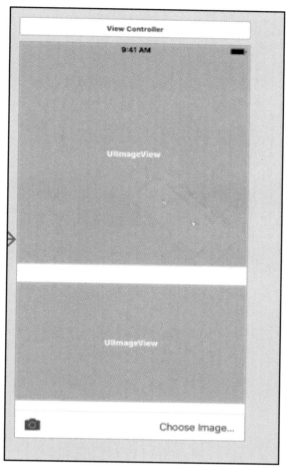

图 9-24

图 9-25

9.8　小　　结

　　本章详细介绍了神经网络的概念及其在面向移动设备的机器学习领域的应用。创建了一个应用程序，用于使用 TensorFlow 识别图像（同时也提供了在 iOS 和 Xcode 中使用 Core ML 的解决方案）。我们还探索了 Keras 深度学习框架，尝试使用 Keras 中的神经网络解决手写数字识别问题。建立了 Keras 机器学习模型来解决这个问题。然后，使用 Core ML 转换工具将此模型转换为 Core ML 模型。最后，本章还在 iOS 移动应用程序中使用了此 Core ML 模型来执行手写数字识别。

　　第 10 章将介绍如何在 Android 中使用 Google Cloud Vision 标签检测技术。

第 10 章　使用 Google Cloud Vision 的移动应用程序

正如在本书第 1 章"面向移动设备的机器学习应用程序"中所介绍的，面向移动设备的应用程序中的机器学习既可以在设备上实现，也可以使用机器学习云提供商的服务来实现。现有的机器学习云提供商包括以下内容。

❑ Clarifai。
❑ Google Cloud Vision。
❑ Microsoft Azure Cognitive Services。
❑ IBM Watson。
❑ Amazon Machine Learning。

本章将深入研究 Google Cloud Vision，以理解以下内容。

❑ Google Cloud Vision 的功能。
❑ 如何在 Android Mobile 应用程序中利用 Google Cloud Vision 标签检测技术来确定相机拍摄的照片。也就是说，可以将一幅图像输入到 Google Cloud Vision 中，并查看它如何标记该图像。Google Vision 将预测它从移动应用程序接收到的图像并为其提供标签。

10.1　关于 Google Cloud Vision 的功能

Google Cloud Vision API 包含各种复杂且功能强大的机器学习模型，可帮助执行图像分析。它使用易于使用的 REST API 将图像分类为各种类别。Google Cloud Vision 提供的重要功能包括以下方面。

❑ 标签检测（Label Detection）：这使我们能够将图像分类为数千个类别，可以将图像分类为各种常见的类别标签，例如 Animal（动物）和 Fruit（水果）。
❑ 图像属性检测（Image Attribute Detection）：这使我们能够检测图像中的单个对象，它还可以检测诸如突出颜色之类的属性。
❑ 人脸检测（Face Detection）：这使我们能够从图像中检测出人脸。如果图像中有多个人脸，则还可以分别检测每个人脸。它还可以检测与脸部相关的突出属性，例如戴头盔或帽子。

❑ 徽标检测（Logo Detection）：这使我们能够检测图像中的印刷文字。突出的徽标经过训练也可以被检测到。

❑ 地标检测（Landmark Detection）：经过训练可以检测自然和人为的重要地标，从而可以通过 Google Vision 进行检测。

❑ 光学字符识别（Optical Character Recognition，OCR）：这有助于检测图像中的文本，即使它们不是英语也是如此。它支持多种语言。

❑ 显式内容检测（Explicit Content Detection）：这有助于识别内容的类型或内容的情感，例如 Violent（暴力）或 Humorous（幽默）。它使我们能够利用可构建的元数据信息对图像进行情感分析（Sentiment Analysis）。

❑ 搜索网络（Search Web）：这会在网络上搜索类似的图片。

可以通过调用谷歌提供的简单 RESTful API 来使用 Google Cloud Vision 提供的所有这些功能。但是，这些功能的使用都需要付费，也可以使用功能的组合。其定价详细信息可以在 Google Cloud Vision 网站上找到。

https://cloud.google.com/vision/

10.2　使用 Google Cloud Vision 的示例移动应用程序

本节将尝试使用 Google Cloud Vision 的示例 Android 移动应用程序。我们将从移动设备的相机捕获图像，然后将图像上传到 Google Cloud Vision，再查看它对图像内容的预测。这将使用 Google Cloud Vision 的标签检测功能，该功能可以确定上传图像的标签。

10.2.1　标签检测的工作原理

Vision API 可以跨广泛的类别检测并提取有关图像中实体的信息。标签可以识别对象、位置、活动、动物种类、产品等。标签仅以英文返回。

在请求 API 中，可以发送需要确定标签的图像以及打算使用的 Google Vision 功能。该功能可以是第 10.1 节"关于 Google Cloud Vision 的功能"中列出的任何功能，例如标签检测或徽标检测。如果需要与图像一起发送有关图像的上下文，则可以将其作为附加参数发送。以下是请求 API JSON 格式示例。

```
{
  "image": {
```

```
    object(Image)                    // 需要被处理的图像
  },
  "features": [
    {
      object(Feature)                // 需要调用的 Google Vision 功能
    }
  ],
  "imageContext": {
    object(ImageContext)             // 必要时可提供有关图像的上下文
  },
}
```

图像对象可以是 base 64 编码的字符串，也可以是需要分析的图像的 URL。该 URL 可以是 Google Cloud Storage 图像位置，也可以是可公开访问的图像 URL。

对于该请求的响应将是基于所请求功能的注解（Annotation）列表。在我们的示例中，它将是标签注解。

```
{
 "labelAnnotations": [
 {
 object(EntityAnnotation)
 }
 ],
 "error": { object(Status)
 },
}
```

返回的 EntityAnnotation 对象将包含图像的标签、预测分数和其他有用的信息。所有与输入图像对象匹配的标签都将作为带有预测得分的数组列表返回，基于该得分可以执行应用程序所需的推理。

在理解了标签检测的基本原理之后，接下来将开始创建 Android 应用程序。

10.2.2　先决条件

要开始探索 Google Vision 并使用 Google Vision 公开的服务编写程序，需要具备以下先决条件，这样才能进入实际操作。

❑　Google Cloud Platform 账户。

❑　Google Cloud Console 上的项目。

❑　最新版本的 Android Studio。

❑　运行 Android 5.0 或更高版本的手机。

10.2.3　准备工作

在开始使用 Google Cloud Vision API 之前，需要执行以下准备工作。

（1）应该在 Google Cloud Console 中启用 Google Cloud Vision API，并且应该创建将在移动应用程序代码中使用的 API 密钥。请执行以下步骤以获取 Cloud Vision API 密钥。

① 打开 cloud.google.com/vision。

② 转到 Console（控制台）。如果没有试用账户，那么它将要求用户创建一个并完成该过程。

③ 启用结算功能，将获得 $300 的免费赠送金额。拥有账户后，即可转到控制台并完成创建密钥的过程。

④ 在控制台中，创建一个项目。

⑤ 打开该项目，转到 API services（API 服务）|Library search for cloud vision API（Cloud Vision API 库搜索）。

⑥ 单击并启用它。

⑦ 转到 API Services（API 服务）| Credentials（凭据）。

⑧ 转到 Credentials（凭据）| API Key（API 密钥）。

⑨ 创建 API 密钥。

⑩ 复制该 API 密钥，它在移动应用程序代码中会用到。

（2）在移动客户端应用程序中添加所需的依赖项以使用 Google Cloud Vision API。Google API 客户端是必需的，因此需要将其添加到客户端项目中。这些将需要在 Gradle 构建文件中指定。具有关键依赖性的示例 Gradle 文件如下所示。

```
dependencies {
 compile fileTree(include: ['*.jar'], dir: 'libs')
 testCompile 'junit:junit:4.12'
 compile 'com.android.support:appcompat-v7:27.0.2'
 compile 'com.android.support:design:27.0.2'
 compile 'com.google.api-client:google-api-client-android:1.23.0'
exclude module: 'httpclient'
 compile 'com.google.http-client:google-http-client-gson:1.23.0'
exclude module: 'httpclient'
 compile 'com.google.apis:google-api-services-vision:v1-
rev369-1.23.0'
}
```

10.2.4　理解应用

本节将仔细查看源代码的关键流程，以了解 Google Vision API 如何通过 Android 移动应用程序工作。

Vision 类代表适用于 Cloud Vision 的 Google API 客户端。第一步是初始化 Vision 类，这可以通过 Builder 进行，并为其指定传输机制和要使用的 JSON Factory。

```
Vision.Builder builder = new Vision.Builder(httpTransport, jsonFactory,
null);
```

下一步是将 API 密钥分配给 Vision Builder，以便它可以开始与云 API 进行交互。我们创建的密钥如下所示：

```
VisionRequestInitializer requestInitializer = new
VisionRequestInitializer(CLOUD_VISION_API_KEY)
builder.setVisionRequestInitializer(requestInitializer);
```

最后一步是获取 Vision 实例，通过该实例可以调用云 API。

```
Vision vision = builder.build();
```

现在，我们将捕获图片并将该图片发送到云 API 以检测其标签。通过相机捕获图片的代码是 Android 常用的东西。以下代码提供了有关如何将图像转换为用于标签检测的 Vision 请求的详细信息。

```
BatchAnnotateImagesRequest batchAnnotateImagesRequest = new
BatchAnnotateImagesRequest();

batchAnnotateImagesRequest.setRequests(new
ArrayList<AnnotateImageRequest>() {{ AnnotateImageRequest
annotateImageRequest = new AnnotateImageRequest();
 // 添加图像
 Image base64EncodedImage = new Image();
 // 将位图转换为 JPEG 格式
 // 防止出现 Android 可以理解但 Cloud Vision 不支持的格式
 ByteArrayOutputStream byteArrayOutputStream = new ByteArrayOutputStream();
bitmap.compress(Bitmap.CompressFormat.JPEG, 90, byteArrayOutputStream);
byte[] imageBytes = byteArrayOutputStream.toByteArray();
// Base64 编码 JPEG
base64EncodedImage.encodeContent(imageBytes);
annotateImageRequest.setImage(base64EncodedImage);
```

```
// 添加需要的功能
annotateImageRequest.setFeatures(new ArrayList<Feature>() {{
Feature labelDetection = new Feature();
labelDetection.setType("LABEL_DETECTION");
labelDetection.setMaxResults(MAX_LABEL_RESULTS);
add(labelDetection);
}});
// 将一件事的列表添加到请求中
add(annotateImageRequest);
}});
Vision.Images.Annotate annotateRequest =
vision.images().annotate(batchAnnotateImagesRequest);
```

Google Cloud Vision 被称为异步任务（Async Task）。从 API 接收到的响应将被分析以提供用户可读格式的数据。以下是从 Google Vision 收到的响应信息示例。

```
// 设置响应格式为字符串
 private static String convertResponseToString(BatchAnnotateImagesResponse
response) {
 StringBuilder message = new StringBuilder("I found these things:\n\n");
List<EntityAnnotation> labels =
response.getResponses().get(0).getLabelAnnotations();
 if (labels != null) {
 for (EntityAnnotation label : labels) {
 message.append(String.format(Locale.US, "%.3f: %s",
label.getScore(),label.getDescription()));
 message.append("\n");
 }
 } else {
 message.append("nothing");
 }
 return message.toString();
}
```

用户可以查看为图像返回的标签。

10.2.5　输出

当手机中的图像被捕获并发送到 Vision API 时，即可在 Android 应用程序屏幕上看到结果，可能的标签如图 10-1 所示。

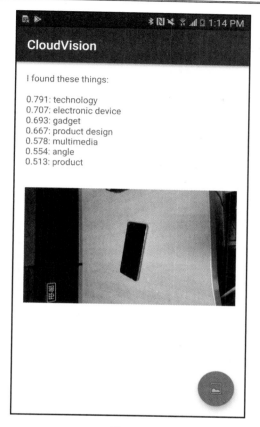

图 10-1

10.3　小　　结

本章详细阐述了 Google Cloud Vision 的工作原理，以及如何轻松地从移动应用程序中调用它。可以看到，在使用机器学习云服务提供商的云服务的情况下，进行复杂的机器学习预测非常容易，也没有进行模型选择和训练的麻烦。第 11 章将认真探讨移动应用领域中机器学习的未来。

第 11 章　移动应用程序上机器学习的未来

机器学习需要强大的计算能力，因此需要专门的处理器。但是，如果可以将机器学习的功能带给缺乏这种处理能力并且可以离线工作的移动设备，则将会涌现巨大的市场机会和全新的业务类别，并由此催生出众多创新实用的移动应用程序，否则这是很难想象的。在这种情况下，客户和企业之间相互联系的整体方式都将被重塑。

如今，移动设备已成为人类的延伸器官，我们甚至很难找到一个没有手机的人。如果移动设备将成为人类的一部分，那么就像眼睛、鼻子、双腿等知道我们每天做什么，并习惯了我们的生活方式一样，移动设备也可以了解我们日常工作的来龙去脉，并可以带出许多关键数据点，而我们可能没有时间分析自己。

此外，移动设备可能由不同的企业在其上安装了很多应用程序，以使第三方可以轻松地深入了解我们的生活方式、生活模式和深层秘密，并根据收集到的关键指标采取许多不同的措施。这有可能不仅使这些第三方受益，而且也可能使用户自己受益。他们可以尝试让用户意识到自己对自己一无所知的事情，或者提出更好的方法来执行某些活动，从而从整体上改善用户的生活。这种可能性是无限的，它也让用户可以展开想象，设想如何在移动设备上实现机器学习以及它的美好未来。

我们还看到了物联网（Internet of Things，IoT）的爆炸式增长。这是另一个维度，在这个维度中，移动设备中的机器学习成为关键。可以将不间断发送不同信息的传感器相互联系，而不是一直发送到服务器。

可以使用不同的协议在传感器和移动设备之间进行通信以进行此类数据交换，并且可以迅速采取及时的措施。而且，在该技术领域潜藏着无数的可能性，并且正在发生突破性的创新，而这仅仅是冰山一角。

本章将讨论以下主题。

❑　主要的机器学习移动应用程序。

❑　重点创新领域。

❑　利益相关者的机会——移动机器学习生态系统中的主要利益相关者在做什么？

11.1　主要的机器学习移动应用程序

本节将讨论一些流行的移动应用程序，并了解它们在移动机器学习领域中所做的事情。

11.1.1　Facebook

Facebook 开发了一个 AI 平台 Caffe2Go。通过此工具集，Facebook 最初希望向用户提供丰富的 AI 和 AR 体验。它们使用户能够通过设备上的机器学习功能处理视频和图像并执行某些任务，而不必将这些视频和图像传输到后端以进行复杂的图像和视频处理。他们的样式转换工具包使用户能够采用一种图像样式的艺术特质，并将其应用于其他图像和视频。

11.1.2　Google Maps

Google 推出了 TensorFlow Lite 和 ML Kit，使用户能够在移动应用程序中执行移动机器学习。Google Maps 是移动机器学习的经典示例。

11.1.3　Snapchat

Snapchat 在复杂的机器学习算法方面进行了创新，该算法能够感知相机拍摄的图像上的脸部特征。这些算法尝试学习脸部特征，然后尝试创建具有关键脸部特征点的蒙版。该蒙版可以与有趣的图形放在一起，以留给用户想象力和创造力的发挥空间。

11.1.4　Tinder

Tinder 于 2012 年推出，是一款社交应用程序，可促进相互感兴趣的用户之间的交流。用户使用向左或向右滑动来选择其他用户的照片，并可能与它们匹配。Tinder 引入了智能照片功能，可以利用机器学习算法来提高用户查找适当匹配项的能力。此功能使用户可以首先看到最有名的照片，因为底层模型会通过分析用户的滑动动作，不断学习并重新排列照片。

11.1.5　Netflix

Netflix 使用机器学习为用户提供优质的流媒体体验。与其他频道相比，在移动设备中查看流式内容要复杂得多。Netflix 正在实现复杂的机器学习算法，以根据查看的内容预测设备的网络带宽、缓存要求和视频适应性要求，改善和增强用户的流媒体体验。

11.1.6　Oval Money

Oval Money 使用机器学习算法来学习用户支出模式,以便向最终用户建议储蓄选项。它能够识别定期重复的模式并识别重复付款,以帮助用户节省资金。

11.1.7　ImprompDo

ImprompDo 是一个时间管理应用程序,用于学习用户行为并管理待办事项列表。它通过学习用户的行为及其常规时间表、所处的位置等获得知识,并据此提示用户在最佳时间参加待办事项列表中的项目。

11.1.8　Dango

Dango 是一个表情符号预测器应用程序,可为对话的上下文提供最佳的表情符号。它使用学习算法来了解不同的情感和对话的上下文,从而提出及时的表情符号。

11.1.9　Carat

Carat 监视着手机上发生的所有活动,并提供了建议以节省电池电量。

11.1.10　Uber

Uber 使用机器学习技术来帮助估计骑手的到达时间和费用。它还可以向驾驶员提供详细的信息和地图,以满足预计的到达时间。

11.1.11　GBoard

Gboard 是 Google 推出的一款针对 iOS 设备和 Android 设备的虚拟键盘。它可以在用户实际输入之前,使用机器学习来预测用户想要输入的内容。

11.2　主要创新领域

以下各节详细介绍了利用机器学习的力量进行创新的一些业务领域,许多参与者已经在这方面领先。

11.2.1 个性化应用

可以通过利用移动设备提供的各种参数来了解用户行为，并了解其生活模式以进行个性化设置，这对于用户而言将是有价值的。当同一移动应用程序要满足广泛用户的需求时，如果它能够提供最适合使用它的用户的特定功能，那么它将具有重要的价值。通过使用机器学习，可以将这种高级个性化功能带入应用程序。

11.2.2 卫生保健

在该领域中存在各种用例，它们有助于记录各种可以跟踪、学习和使用的健康参数，以提供医疗保健方面的创新，例如，可以基于图片和来自移动应用程序的声音进行医疗诊断的应用程序。

健身跟踪和消费者保健应用程序可以通过移动应用程序跟踪个人定期健康和健身数据，从而预防各种与生活方式有关的疾病。

实际上，这些移动应用程序可以通过警报和通知来更改用户的行为，并使其通过监视其生活方式来采取所需的任何操作。例如，程序可能建议用户散步、吃药和眨眼。

11.2.3 有针对性的促销和营销

移动应用程序可用于研究用户行为并跟踪用户偏好，以向用户提供定向促销。可以使用机器学习算法来分析收集的大多数用户信息，例如人口统计信息、使用情况统计信息和配置文件信息，以针对要为特定人员推销的产品或服务做出可靠的预测。因此，商家在获得这种预测信息之后，可以推出针对性的营销和广告。

11.2.4 视听识别

移动应用程序可以识别环境和用户所处情境，并修改设备的音频/视频控件，或者根据用户的喜好播放合适的音频和视频。

11.2.5 电子商务

具有机器学习智能的移动应用程序在电子商务领域中已经具有各种用例。例如，零售超商中的室内导航应用，可以大大提升销售业绩。

ⓘ 注意：

　　室内导航（Indoor Navigation）涉及建筑物内导航（Navigation Within Buildings）。由于建筑物内部通常不存在 GPS 接收功能，因此在需要自动定位时，可以使用其他定位技术。在这种情况下，经常使用 Wi-Fi 或无线电信标（Beacon），配备低功耗蓝牙（Bluetooth Low Energy，BLE）来创建所谓的室内 GPS（Indoor GPS）。但是，与 GPS 不同，它们还使你能够确定实际的楼层高度。大多数应用程序都需要一种室内路由功能，该功能可以使用室内导航应用程序精确地引导人们穿过建筑物，并以这种方式自动确定他们的位置，这与我们在汽车中使用的导航系统非常相似。

　　在许多顶级电子商务网站中，当购买某种产品时会提供产品推荐，这是基于用户浏览历史记录、购买历史记录、对用户查询内容的理解、排名和用户收藏夹，以及用户状况、位置、偏好和约束条件等而完成的。

　　在电子商务中，趋势预测和根据观察到的趋势立即采取措施在销售中发挥着巨大作用。机器学习算法可以有效地调整两者之间的差距。

11.2.6　财务管理

　　机器学习已经应用于财务管理的每个阶段，例如，用户投资组合管理、欺诈检测、交易、贷款管理和客户服务等都是不同的阶段。在这些阶段中，利用机器学习算法，结合用户数据和配置文件，可以提供无数为客户提供不同服务的机会。

11.2.7　游戏与娱乐

　　当游戏与娱乐和机器学习结合在一起时，更逼真的引人入胜的增强虚拟现实可以为最终用户提供令人惊叹的个性化游戏和娱乐体验。

　　通过机器学习，利用各种参数（例如设备功能、用户首选项和网络功能），服务提供商可以更有效地完成内容管理、视频流和内容呈现。

11.2.8　企业应用

　　如今，很多企业原本很无聊（它们重在日常管理）的应用程序也变得有趣起来，甚至颇具生产力，因为这些应用程序可以提供对企业员工的新认知，这些认知可以真正帮助企业做出最有利的决策，这对企业非常有价值，它可以为企业节省大量成本。

　　企业可以针对特定的用户、客户和地区来订制招聘、时间管理、运营和资本支出、差旅和销售流程等计划，利用庞大的企业数据，并应用机器学习算法来获得有用的即时预测。

11.2.9　房地产

强大的可视化软件将机器、神经网络和增强现实结合在一起，可以使客户对他们的梦想家园达到可视化并根据自己的喜好动态建模房屋，从而极大地帮助房地产行业。

宜家已经推出了一款名为 IKEA Place 的应用程序，该应用程序使用户可以直观地看到自己所选择的家具与房屋的适配效果，其网址如下。

https://itunes.apple.com/us/app/ikea-place/id1279244498?mt=8

同样，Azati 软件公司的图像建模应用程序使用户可以用其他选择替换掉现有的墙纸等，从而使用户在打算购买或装饰房间时立即查看到选择的效果，其网址如下。

https://azati.ai/

11.2.10　农业

现在，已经可以通过移动应用程序为农民提供各种解决方案。例如，可以分析通过智能手机捕获的土壤和植物的图像，以提供有关土壤恢复技术、除草技巧、植物健康控制等方面的有用见解。这些图像可以在各种参数上进行分析，例如土壤缺陷、植物病虫害、缺陷和土壤中的养分缺乏等。在移动设备上应用机器学习算法所带来的可能性是无限的，可以扩展到农业生产的所有方面，以帮助提高作物产量。

11.2.11　能源

能源行业也是一个非常适用于机器学习的行业，它可以节约大量的能源支出，从而保护环境，并帮助我们实现绿色环保。

例如，可以基于用户的喜好和可用性进行控制的支持机器学习的智能家居（可以通过移动应用程序进行跟踪）将为每个家庭节约大量能源。

无人驾驶汽车可以通过优化路线并由多人沿着同一条路线行驶来优化同一辆车的利用率，随时调节速度和能源消耗，从而节省燃油。

机器学习还可用于智能电网及其维护中，它可以预测故障点和故障发生的时间，方便维护工程师采取预防措施。

ⓘ 注意:

　　智能电网（Smart Grid）是包括各种操作和能源度量的电网，包括智能电表、智能电器、可再生能源和节能资源。电子功率调节和电力生产与分配控制是智能电网的重要方面。这是一个使用数字通信技术来检测局部用电变化并对之做出反应的供电网络。

11.2.12　移动安全

　　机器学习可用于脸部识别工具，该工具可用于对移动设备中的应用程序的使用进行身份验证和授权。

　　微软、谷歌和其他公司正在这一领域广泛开展工作，以保护其操作系统以及这些操作系统中存在的移动应用程序免受安全威胁的攻击。

　　谷歌还推出了一种称为对等组分析（Peer Group Analysis）的机器学习算法。有些应用程序会在非必需的情况下收集数据，或者在无任何特定需求的情况下发送数据，机器学习算法通过跟踪这些应用程序，可以有效识别出 Google Play 商店中的有害应用程序。

　　Zimperium（以色列信息安全公司）的 Z9 是移动设备恶意检测软件的一个示例，该软件可利用机器学习来实现移动安全性。

11.3　利益相关者的机会

　　本节详细介绍了机器学习领域的主要利益相关者，他们对机器学习在移动设备上的成功与推广做出了贡献，甚至能起到决定性的作用。本节探讨了这些利益相关者为移动机器学习做出贡献的方式，以及他们正在进行的创新。这些创新旨在提高人们对移动机器学习的接受程度，并使其得到广泛应用。

11.3.1　硬件制造商

　　硬件是构成执行机器学习移动应用程序基础的平台。机器学习在处理单元和内存方面有特定要求，以便运行复杂的机器学习算法。直到最近，硬件限制都是促使大多数机器学习处理要在没有处理单元或内存限制的后端服务器中进行的原因之一。但是现在，大多数设备制造商都在进行突破性的创新，使移动硬件也适用于运行机器学习应用程序。

　　❑　苹果公司已经设计并构建了神经引擎作为其 iPhone X 主芯片组的一部分，以执行复杂的机器学习驱动的图像处理。

❑ 在 Pixel 2 设备中，谷歌还构建了可满足机器学习需求的定制芯片组。

❑ 华为的 Mate 10 还内置了神经网络处理单元。

❑ ARM 已经启动了一个旨在创建 AI 驱动的智能芯片的项目，该芯片将使移动设备即使在离线时也可以继续运行机器学习算法，这将减少数据流量，加快处理速度，并节省电池电量。

❑ 高通公司还与 ARM 合作生产下一代移动设备，使机器学习算法能够高效运行。

11.3.2　移动操作系统供应商

iOS 和 Android 等移动操作系统以及 Microsoft Windows Mobile 都可以满足在移动设备上运行机器学习算法的需求。各种功能已合并到操作系统本身中，以支持移动机器学习。

11.3.3　第三方移动机器学习 SDK 提供商

如前文各章所述，有各种可用的 SDK 可以帮助程序员创建移动机器学习程序。

❑ TensorFlow Lite。

❑ Caffe2Go。

❑ Core ML。

❑ ML Kit。

❑ Fritz。

前面各章已经介绍过这些 SDK 的高级架构，并且还使用上述 SDK 编写了面向移动设备的机器学习应用程序示例。

以下所有领域都有机会因为获得移动机器学习技术的支持而改善。

❑ 就像混合移动应用程序开发一样，也有一种方法可以进行混合机器学习模型的开发，并采用通用语言来开发这些机器学习模型。

❑ 在模型部署和实时机器学习模型的升级方面仍然存在许多问题。

❑ 在监控机器学习模型的性能和使用方面，仍然有很多事情需要改进。

❑ 要在这些 SDK 中支持众多的机器学习算法，仍需要做很多工作。

❑ 目前的主要应用是仅通过移动设备进行模型的预测和使用。部分应用程序也支持在移动设备上进行训练。

11.3.4　机器学习移动应用程序开发人员

作为移动应用程序开发人员，他们面前有巨大的机会来创建该领域的突破性创新型解决方案。如前文所述，在移动设备上应用机器学习算法所带来的可能性是无限的，其实现方法也可以简化。如果开发人员理解机器学习算法的基本概念，精通移动应用程序开发，则可以将其用于解决关键问题并将价值驱动型创新带给最终用户。

11.4　小　　结

　　本章详细阐述了机器学习在移动领域的未来，以及它将如何对用户有用。我们还讨论了使用机器学习的不同移动应用程序，包括 Facebook、Netflix 和 Google Maps 等。

　　我们还讨论了各种业务领域如何使用机器学习应用程序，以及使用移动应用的机器学习领域的利益相关者所面临的各种机遇。

附录 A   问题与答案

在本附录中，将介绍各章无法涵盖的概念和要点，但是这些概念和要点对于全面理解和学习面向移动设备的机器学习至关重要。我们将设想你可能思考过的问题，并尝试提供与该领域相关的问题的答案。

A.1   常见问题解答

我们会将常见问题解答分为 3 个基本部分。

❑   第一部分将研究与数据科学、机器学习等相关的本质上更为通用的问题。
❑   第二部分将研究与不同的移动机器学习框架有关的特定问题。
❑   第三部分也是最后一部分将研究与移动机器学习项目实现相关的特定问题。

A.1.1   数据科学

本节将回答一些与数据科学及其用途有关的问题。

1. 什么是数据科学？

数据科学（Data Science）是从数据中提取相关见解的科学。它是许多领域的前沿高点，例如数学、机器学习、计算机编程、统计建模、数据工程和可视化、模式识别和学习、不确定性建模、数据仓库和云计算。探索这些领域所需的技能包括工程、数学、科学、统计学、编程、创造力和数据保存以及维护。

2. 数据科学可应用于哪些领域？

数据科学可用于人工智能（Artificial Intelligence，AI）和机器学习。它将求解复杂的数据问题，为企业带来人类无法察觉的见解（Insight），企业应用这些见解可能获得巨大的收益。数据科学揭示了与业务相关数据和有用数据之间的未知关联。

3. 什么是大数据？

大数据（Big Data）通常是指包含的数据集的大小超出了常用软件工具捕获、管理和处理的能力。

大数据的特征是 Gartner 公司在 2001 年提出的以下 3 个 V。

- ❏ 数量（Volume）：数据量巨大且不断增加。
- ❏ 速度（Velocity）：数据累积迅速并且不断增加。
- ❏ 多样性（Variety）：捕获的特征/特性的数量庞大并且与日俱增。

ⓘ 注意：

Gartner 公司在 2012 年的定义中写道："大数据是高容量、高速度和/或丰富多样的信息资产，它们需要新的处理形式以实现增强的决策制定、见解发现和流程优化。"

大数据可以包括大数据系统、大数据分析和大数据集。

4．什么是数据挖掘？

数据挖掘是检查大型现有数据集并从中提取有用见解的过程。

5．数据科学与大数据之间存在何种关系？

数据科学不一定涉及大数据，但是数据的规模日益扩大这一事实使大数据成为数据科学必须考虑的重要方面。

6．什么是人工神经网络？

人工神经网络（Artificial Neural Network，ANN）是受构成动物大脑的生物神经网络启发的计算系统。这些系统没有使用特定的任务规则进行编程，而是通过考虑示例而不进行编程来执行任务，例如图像识别。为了识别玫瑰，它通过学习而不是通过编程来了解玫瑰的特征，以将样本定义为玫瑰。

7．什么是 AI？

AI 是指通过机器模拟人脑的功能。这是通过创建可以体现人类智能的 ANN 来实现的。AI 机器执行的主要人工智能包括逻辑推理、学习和自我纠正。这是一个非常复杂的领域，要使本质上不聪明的机器思考并像人类一样操作，就需要大量的计算能力和数据输入。

AI 分为两部分。

- ❏ 广义 AI：使机器在广泛的领域内变得智能，类似于人类的思维和推理。虽然目前仍然没有实现这一目标，但许多研究活动都已经开始。
- ❏ 狭义 AI：使机器在特定领域变得智能，例如数字识别和下棋。目前，在部分领域，AI 已经取得远超人类的成绩。例如，AI 已经能够轻松战胜人类顶尖棋手。

8．数据科学、人工智能和机器学习如何相互关联？

以下是关于数据科学、人工智能和机器学习之间如何精确关联的有趣且重要的信息。

❑　AI：这个领域正在试图人为地模仿人类的智慧。正如人类能够看到、观察周围的数据并做出决定一样，AI 技术也正在通过机器进行尝试。这是一个非常广阔的区域。该技术仍在发展中。对于人类来说可以轻松完成的小任务，通过 AI 完成则需要大量的数据。

❑　机器学习：人工智能的子集。狭义的机器学习仅关注特定的问题领域。该技术具有现实用例的实现。它是 AI 与数据科学之间的连接纽带。

❑　数据科学：这是数据研究和从中提取信息的领域。它可以使用机器学习来分析数据、大数据等，它们之间的关系如图 A-1 所示。

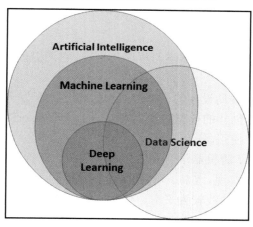

图 A-1

原　　文	译　　文
Artificial Intelligence	人工智能
Machine Learning	机器学习
Data Science	数据科学
Deep Learning	深度学习

A.1.2　机器学习框架

本节将介绍本书中已经详细讨论过的一些机器学习框架，以及未仔细研究的机器学习框架，这里仅给出一些指导信息。

1．Caffe2

❑　来自 Facebook 的 Caffe2 是本书中未讨论的关键移动机器学习框架之一。开发人员可以从以下地址获得更多详细信息。

https://caffe2.ai/

❑　Caffe2 是一个深度学习框架，它提供了一种简单而直接的方法来进行深度学习实验，并充分利用了社区对新模型和算法的贡献。

❑　原始的 Caffe 框架对于大规模产品用例很有用，尤其是其无与伦比的性能和经过良好测试的 C++代码库。

❑　Caffe2 是对原始 Caffe 框架的多项改进版本。

❑　要理解并开始使用该框架编写示例不是一件易事，它的学习曲线非常陡峭。

2. scikit-learn

❑　scikit-learn 是最著名的机器学习程序包之一，它还提供了许多常见机器学习算法的有效实现版本。

❑　虽然它不是面向移动设备的机器学习包。但是，开发人员可以使用转换工具将使用 scikit-learn 创建的模型转换为 Core ML 和 TensorFlow Lite 模型，并直接在移动应用程序中使用。

❑　scikit-learn 提供了跨机器学习算法和非常全面的支持文档，并且具有非常相似且形式统一的 API 实现。

❑　scikit-learn 的学习曲线较为平滑，使用它实现和扩展模型都非常容易。

❑　scikit-learn 最初由 David Cournapeau 于 2007 年作为 Google Summer of Code 项目开发。后来，Matthieu Brucher 加入了该项目，并开始将其用作论文工作的一部分。2010 年，INRIA 参与进来，并于 2010 年 1 月下旬发布了第一个公开发行版（v 0.1 beta）。该项目目前有 30 多个活跃的参与者，并已获得 INRIA、Google、Tinyclues 和 Python 软件基金会的赞助。

❑　scikit-learn 通过 Python 中的一致接口提供了一系列监督学习和无监督学习算法。

❑　它是根据简化的 BSD 许可进行许可的，并在许多 Linux 发行版中分发，从而鼓励了学术和商业用途。

❑　该库基于 SciPy 构建，所以必须先安装该库，然后才能使用 scikit-learn。

3. TensorFlow

❑　TensorFlow 是一个用于快速数值计算的开源库。它是由 Google 创建和维护的，并根据 Apache 2.0 开源许可发布。尽管可以访问底层 C++ API，但该 API 实际上使用的是 Python 编程语言。

❑　TensorFlow 有一种针对移动设备的独立版本，我们已经详细介绍了该版本，并在本书的实际动手练习中使用了它们。

❑ 可以使用在 TensorFlow 中创建的模型并将其转换为用于移动的 TensorFlow 和 TensorFlow Lite 的模型，并在移动应用程序中使用。

❑ TensorFlow 设计用于研发和生产系统。它可以在单个 CPU 系统和 GPU 上运行，也可以在移动设备或数百台机器的大规模分布式系统上运行。

❑ 在数学上，张量（Tensor）是 n 维向量。它可以用来表示 n 维数据集。流（Flow）是指图，该图绝对不能是循环的，并且图中的每个节点都代表一个操作，例如加法、减法等。每个操作都会导致形成新的张量。

❑ 张量流支持并行评估每个节点，因此不会像在串行模式中那样等待节点评估，从而产生浪费时间的空闲等待。

❑ TensorFlow 允许用户利用并行计算设备更快地执行操作。

4. Core ML

❑ Apple 在 2017 年全球开发者大会（WWDC）上发布了 Core ML，并于今年更新为 Core ML 2。值得一提的是，Core ML 使开发人员能够将机器学习模型集成到 iOS 和 MacOS 应用程序中。这是该领域的第一次重大尝试，最初，开发人员确实出于某些原因而喜欢它。

❑ Core ML 支持各种机器学习模型，包括神经网络、树集成、支持向量机和广义线性模型。Core ML 需要 Core ML 模型格式（带有.mlmodel 文件扩展名的模型）。

❑ Apple 还提供了转换器，可将在其他几个库中创建的模型转换为 Core ML 格式。在本书中使用这些转换器时，我们发现这些转换器非常易于使用，并且可以与大多数著名的现有机器学习库一起使用。

❑ Apple 还提供了一些已经采用 Core ML 模型格式的流行的开放源代码模型，可以直接下载这些模型并将其用于构建我们的应用程序。

❑ Core ML 针对移动设备上的性能进行了优化，从而最大限度地减少了内存占用和功耗。严格在设备上运行还可以确保用户数据的安全，即使没有网络连接，应用程序也可以运行。

❑ Core ML 的最大优点是使用非常简单。只需几行代码就可以帮助用户集成完整的机器学习模型。自 Core ML 发行以来，大量的创新项目都在使用它。但是，Core ML 的功能存在局限性。

❑ Core ML 只能帮助用户将经过预训练的机器学习模型集成到你的应用中。因此，这意味着用户只能进行预测，无法进行模型训练。

❑ 事实证明，到目前为止，Core ML 对开发人员非常有用。2018 年 WWDC 上宣布的 Core ML 2 应该可以使用称为量化（Quantization）和批量预测（Batch Prediction）的技术将推理时间缩短了30%。

A.1.3　移动机器学习项目实现

在本节中将讨论任何机器学习项目实现者在着手进行项目之前都会想到的一些基本问题。

1．在开始项目之前需要考虑哪些高级重要项目？

以下是在开始项目之前需要解决的高级项目。

- ❑ 根据所看到的机器学习定义，对问题进行清晰的定义，并为任务 T、绩效指标 P 和经验 E 提供清晰的输入。
- ❑ 具有所需容量的数据可用性。
- ❑ 基于移动或基于云的移动机器学习框架的设计决策。
- ❑ 正确选择适合我们要求的机器学习框架。

2．实现移动机器学习项目所需的角色和技能是什么？

可为移动机器学习项目计划以下技能和角色。

- ❑ 领域专家：提供有关问题、数据、数据中的特征、业务上下文等的输入。
- ❑ 机器学习数据科学家：分析数据，进行工程和数据预处理，并建立机器学习模型。
- ❑ 移动应用程序开发人员：利用移动机器学习模型来构建移动应用程序。
- ❑ 测试人员：测试模型以及移动应用程序。

上述每个角色都可以通过学习本书来担任，并且可以由一个或多个人执行，以成功实现移动机器学习项目。

3．在测试移动机器学习项目时，应该关注什么？

该项目中要测试的关键是移动机器学习模型，因此，该模型独立于移动应用程序，它需要进行彻底测试。

我们已经讨论过在测试机器学习模型时应该重点关注的事情。在测试模型时，需要考虑训练数据、测试数据和交叉验证，还需要测量所选模型的性能。对于每次运行的清晰记录，都要保存已完成的结果，以便清楚地知道输入数据的特征集中的变化量是多少，输出的变化量是多少。

测试机器学习模型的工程师应清楚地理解本书第 1 章 "面向移动设备的机器学习应

用程序"中解释的所有概念，这些概念与正确率、精度、召回率、误差等有关。同样，对于每种类型的算法，误差和性能度量指标会有所不同，在测试模型时应适当考虑这些因素。测试机器学习模型本身就需要一本专著来讨论，对其细节的讨论超出了本书的范围。

4．领域专家可以为机器学习项目提供什么帮助？

领域专家是任何机器学习项目成功的关键，其价值将体现在以下几个方面。

❑　问题陈述的定义，有助于正确理解对于解决方案的期望。

❑　数据准备。

　➤　在特征工程中要选择哪些好的候选项并保留为预测器属性？

　➤　如何组合有助于解决问题陈述的多个目标/属性？

　➤　如何采样以选择测试集和训练集？

　➤　帮助进行数据清理。

❑　进度监控和结果解释。

　➤　定义所需的预测正确率。

　➤　根据取得的进展，确定是否需要更多数据/其他数据。

　➤　在两者之间做一个检查点，确定所取得的进展是否与所定义的问题陈述相符，所寻求的解决方案是否符合要求。

❑　持续更新并反馈进度。

5．机器学习项目中常见的陷阱是什么？

以下是在机器学习项目中常见的一些陷阱。

❑　目标不切实际、问题定义不明确、没有适当的目标。

❑　数据问题。

　➤　数据不足，无法建立预测模式。

　➤　预测变量属性选择不正确。

　➤　数据准备有问题。

　➤　数据标准化问题——无法跨数据集标准化数据。

　➤　使用有偏差的数据来求解问题。

❑　机器学习方法选择不当。

　➤　选择的机器学习方法不适合问题陈述的定义。

　➤　不尝试替代算法。

❑　放弃太早。这种情况经常发生。如果工程师没有看到初始结果，并且无法进行各种排列和各种相关因素的组合，并且对结果进行系统的记账，则往往会失去继续进行的兴趣。如果在适当的记录保持下进行连续性/方法性研究并尝试各种可能性，则可以轻松解决机器学习问题。

A.1.4　安装

本节将介绍用于创建本书程序的工具和 SDK 所需的不同安装过程。

1．Python

本书使用了 Python 来创建机器学习模型，因此，必须知道如何在系统中安装 Python 来学习实际示例。要安装 Python，可以前往。

https://www.python.org/downloads/

它将显示你要下载的最新版本，下载安装程序并进行安装。

在 Windows 中安装时，它将询问是否将 Python 添加到路径环境变量中。选中相应的复选框即可自动执行此操作，否则需要手动将其添加到路径变量中。

要检查计算机上是否安装了 Python，请转到命令提示符或终端，然后输入 python，它应该显示 Python 提示符，否则，如果已经安装到驱动器，则需要设置它。

2．Python 依赖项

默认情况下，Python 将随附 pip 软件包管理器，可以使用 pip 进行 Python 依赖项的安装，其语法如下。

```
pip install package name
```

有关可用软件包的更多信息，可以访问。

https://pypi.org/project/pip/

本书在各自的章节中均给出了所有依赖项的安装命令。

3．Xcode

首先，在 Apple 中创建一个开发人员账户，然后通过访问以下地址登录到用户的账户。

https://developer.apple.com/

单击 Downloads（下载）并向下滚动，搜索 9.4 版本以上的最新 Xcode，然后单击下载。该操作下载的是 XZIP 文件。将其解压缩并拖动到应用程序文件夹中，然后将其安装在 Mac 计算机中即可。

A.2　参考文献

以下网址有一些很好的参考资料，它们可以提供有关面向移动设备的机器学习的更多实用信息。

- ❑　Machine Learning Mastery：https://machinelearningmastery.com/
- ❑　Analytics Vidhya：https://www.analyticsvidhya.com/
- ❑　Fritz：https://fritz.ai/
- ❑　ML Kit：https://developers.google.com/ml-kit/
- ❑　TensorFlow Lite：https://www.tensorflow.org/lite/
- ❑　Core ML：https://developer.apple.com/documentation/coreml?changes=_8
- ❑　Caffe2：https://caffe2.ai/